U0067718

旗 標 FLAG

好書能增進知識　提高學習效率　卓越的品質是旗標的信念與堅持

旗 標 FLAG

http://www.flag.com.tw

職場必備超省時

Excel
樞紐分析表
便利技

効率
UP!

井上香緒里 著

感謝您購買旗標書,
記得到旗標網站
www.flag.com.tw
更多的加值內容等著您…

<請下載 QR Code App 來掃描>

1. FB 粉絲團：旗標 Office 小教室

2. 建議您訂閱「旗標電子報」：精選書摘、實用電腦知識搶鮮讀; 第一手新書資訊、優惠情報自動報到。

3. 「更正下載」專區：提供書籍的補充資料下載服務, 以及最新的勘誤資訊。

4. 「旗標購物網」專區：您不用出門就可選購旗標書!

買書也可以擁有售後服務, 您不用道聽塗說, 可以直接和我們連絡喔!

我們所提供的售後服務範圍僅限於書籍本身或內容表達不清楚的地方, 至於軟硬體的問題, 請直接連絡廠商。

● 如您對本書內容有不明瞭或建議改進之處, 請連上旗標網站, 點選首頁的 讀者服務 , 然後再按右側 讀者留言版 , 依格式留言, 我們得到您的資料後, 將由專家為您解答。註明書名 (或書號) 及頁次的讀者, 我們將優先為您解答。

學生團體　訂購專線：(02)2396-3257 轉 362
　　　　　傳真專線：(02)2321-2545

經銷商　　服務專線：(02)2396-3257 轉 331
　　　　　將派專人拜訪
　　　　　傳真專線：(02)2321-2545

國家圖書館出版品預行編目資料

效率 UP！職場必備超省時 Excel 樞紐分析表便利技/
井上香緒里 作; 許淑嘉 譯 -- 臺北市：旗標,
2017.11　面；公分

ISBN 978-986-312-481-8 (平裝附光碟)

1. EXCEL(電腦程式)

312.49E9　　　　　　　　106015707

作　　者／井上香緒里

翻譯著作人／旗標科技股份有限公司

發 行 所／旗標科技股份有限公司

　　　　　台北市杭州南路一段 15-1 號 19 樓

電　　話／(02)2396-3257(代表號)

傳　　真／(02)2321-2545

劃撥帳號／1332727-9

帳　　戶／旗標科技股份有限公司

監　　督／楊中雄

執行企劃／林佳怡

執行編輯／林佳怡

美術編輯／林美麗　‧　薛詩盈

封面設計／古鴻杰

校　　對／林佳怡

新台幣售價：320 元
西元 2021 年 9 月 初版 4 刷
行政院新聞局核准登記 - 局版台業字第 4512 號
ISBN　978-986-312-481-8
版權所有　‧　翻印必究

Excel PIVOT TABLE KIHON & BENRI-WAZA
[Excel 2013/2010 TAIO-BAN] by Kaori Inoue
Copyright © 2015 Kaori Inoue
All rights reserved.
Original Japanese edition published by
Gijutsu-Hyoron Co., Ltd., Tokyo
This Complex Chinese edition is published
by arrangement with
Gijutsu-Hyoron Co., Ltd., Tokyo in care of
Tuttle-Mori Agency, Inc., Tokyo

關於光碟

本書書附光碟收錄各章的範例檔案，方便您一邊閱讀、一邊操作練習，讓學習更有效率。使用本書光碟時，請先將光碟放入光碟機中，稍待一會兒就會出現**自動播放**交談窗，按下**開啟資料夾以檢視檔案**項目，即可開啟光碟內容。

請務必將光碟中的所有檔案複製一份到硬碟中，並取消檔案及資料夾的「唯讀」屬性，以便對照書中的內容練習。

各個範例檔案是依照章、單元順序來存放，檔案名稱則是依書中的單元順序來命名，例如第 1 章的 Unit 01 其範例檔案命名方式為「Unit 01.xlsx」、第 3 章的 Unit 20 則是以「Unit 20.xlsx」來命名、…請依此類推。檔名之後如果有加上「_Before」，表示為尚未執行操作的範例檔案，您可以使用該檔案來做練習；檔名之後加上「_After」表示已執行了該單元所說的操作，讓您對照結果用。

開啟範例 Excel 檔後，「範例」工作表為該範例尚未開始操作的原始資料，而該範例執行過的完成結果，則存放在「結果」工作表中。

本書的閱讀方法

◎ 只要跟著畫面的解說步驟操作，即可達到想要的結果。
◎ 想要更深入了解的人，可以參考補充說明。

單元名稱，具體說明各單元的操作內容，可以快速找到「想要的功能」

單元編號，依照功能順序做解說！

Unit 22
計算價格範圍內商品的合計結果

本單元將要解說的功能

將數值資料群組化後，可以計算出某個價格範圍中商品的銷售金額。此例將把商品價格以 50 元、100 元的方式群組化，計算出各自的銷售數量。

本單元要進行的操作及方法說明

與在 Unit 20 中將日期資料群組化、在 Unit 21 中將文字資料群組化相同，也可以將數值資料群組化。將數值資料群組化時，要指定開始點、結束點及間距值，以整合指定的間隔資料，如相隔 10 或 100。

Before

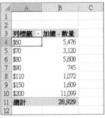

在列區域中配置**價格**，在值區域中配置**數量**，計算出各價格的銷售數量合計

After

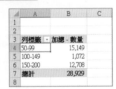

價格以 50 元為間隔群組化後，在相同價格範圍的銷售數量會一起加總

操作前、操作後的對照說明

3-12

4

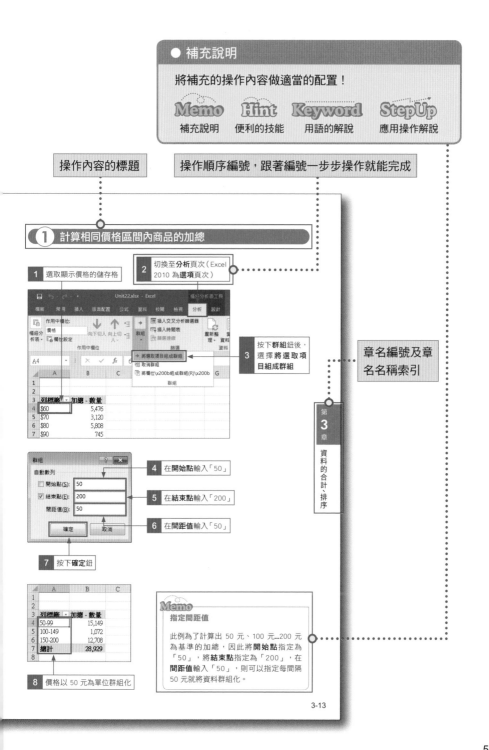

● 補充說明

將補充的操作內容做適當的配置！

Memo 補充說明　　**Hint** 便利的技能　　**Keyword** 用語的解說　　**StepUp** 應用操作解說

操作內容的標題　　　操作順序編號，跟著編號一步步操作就能完成

1 計算相同價格區間內商品的加總

1 選取顯示價格的儲存格

2 切換至**分析**頁次（Excel 2010 為**選項**頁次）

3 按下**群組**鈕後，選擇**將選取項目組成群組**

章名編號及章名名稱索引

第 **3** 章 資料的合計、排序

4 在**開始點**輸入「50」

5 在**結束點**輸入「200」

6 在**間距值**輸入「50」

7 按下確定鈕

8 價格以 50 元為單位群組化

Memo

指定間距值

此例為了計算出 50 元、100 元...200 元為基準的加總，因此將**開始點**指定為「50」，將**結束點**指定為「200」，在**間距值**輸入「50」，則可以指定每間隔 50 元就將資料群組化。

3-13

5

第 1 章　建立樞紐分析表前的準備工作

第 **2** 章 　**建立樞紐分析表**

第 **3** 章 資料的合計、排序

篩選資料

第 5 章 進階計算實例

第 6 章 顯示分析結果

第 7 章 繪製樞紐分析圖

附錄 **A** ## 製作樞紐分析表前的 Q & A

第 1 章

建立樞紐分析表前的準備工作

Unit 01

何謂「樞紐分析表」?

樞紐分析表是指將收集到的資料,例如銷售資料、問卷調查等,將資料從「清單」中執行「交叉分析」功能,只要利用拉曳操作的方式,就能輕鬆製作交叉分析表。

① 認識「樞紐分析表」

「樞紐分析表」是指,以特定規則下所收集到的「清單」(樞紐分析表的原始資料)為基礎,製作成交叉分析表的功能。從清單資料的各種不同角度進行計算後,就能分析整個資料的趨勢及問題點等。使用樞紐分析表時,只要選擇想要進行計算的項目,就能製作出交叉分析表。

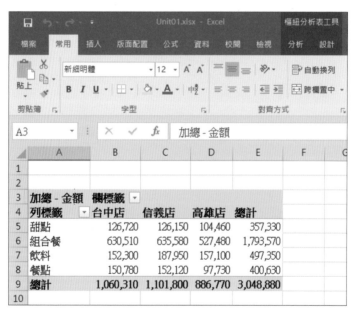

上圖是由下頁上方的清單所製作的樞紐分析表,清單中的「分類」為列區域,「店名」為**欄**區域。透過這個表格,就能清楚了解每個分類在各分店中的銷售金額。

② 製作原始資料清單

● 清單（樞紐分析表的原始資料表格）

	A	B	C	D	E	F	G	H	I	J	K	L	M
1	明細編號	日期	店名	分類	類型	商品名稱	價格	數量	金額	用餐方式			
2	T1M0001	2016/7/1	信義店	飲料	熱飲	咖啡	$70	2	$140	外帶			
3	T1M0002	2016/7/1	信義店	組合餐	早餐組合	活力熱狗早餐組	$80	1	$80	外帶			
4	T1M0003	2016/7/1	信義店	飲料	熱飲	咖啡	$70	2	$140	內用			
5	T1M0004	2016/7/1	信義店	甜點	蛋糕	起士蛋糕	$120	2	$240	內用			
6	T1M0005	2016/7/1	信義店	飲料	熱飲	紅茶	$70	2	$140	內用			
7	T1M0006	2016/7/1	信義店	組合餐	早餐組合	活力熱狗早餐組	$80	3	$240	外帶			
8	T1M0007	2016/7/1	信義店	飲料	冰飲	綜合水果汁	$90	1	$90	外帶			
9	T1M0008	2016/7/1	信義店	甜點	蛋糕	起士蛋糕	$120	1	$120	內用			
10	T1M0009	2016/7/1	信義店	飲料	熱飲	咖啡	$70	1	$70	外帶			
11	T1M0010	2016/7/1	信義店	甜點	蛋糕	起士蛋糕	$120	1	$120	外帶			
12	T1M0011	2016/7/1	信義店	飲料	冰飲	綜合蔬果汁	$90	2	$180	外帶			
13	T1M0012	2016/7/1	信義店	組合餐	中餐組合	元氣熱狗中餐組	$150	2	$300	內用			
14	T1M0013	2016/7/1	信義店	飲料	冰飲	綜合蔬果汁	$90	1	$90	外帶			
15	T1M0014	2016/7/1	信義店	餐點	熱狗	熱狗	$55	1	$55	外帶			
16	T1M0015	2016/7/1	信義店	餐點	熱狗	綜合熱狗	$65	2	$130	外帶			

工作表1　銷售明細清單

「銷售明細清單」工作表是會隨著日期每天增加大量資料的表格，但只看清單中的資料，卻無法得知每個商品的銷售合計金額。

● 樞紐分析表

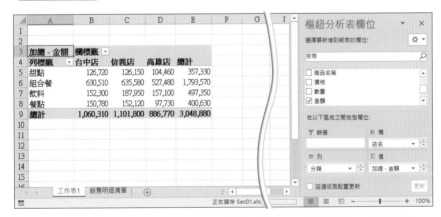

將清單當成原始資料製作成樞紐分析表後，「什麼商品」、「在哪裡」、「多少錢」…的銷售資料，就能在瞬間進行交叉分析。

樞紐分析表可以執行的功能

樞紐分析表不僅可以確認加總結果，還能將項目排序或互換的同時進行資料分析。
這裡，就一起來了解在樞紐分析表中可以執行哪些功能。

① 項目互換後執行加總

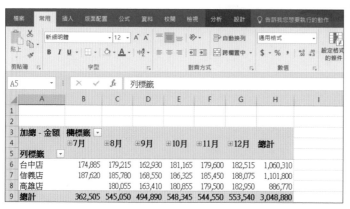

將樞紐分析表的項目進行置換後，「日期」為**欄**區域，「店名」為**列**區域配置後，就能得知「什麼商品」、「在哪裡」、「多少錢」的銷售資料。

② 排序

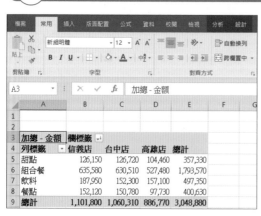

將樞紐分析表的加總依大小排序後，即可對暢銷商品或滯銷商品進行分析。

③ 分析

▲	A	B	C	D	E	F
1						
2						
3	加總 - 金額	欄標籤 ▾				
4	列標籤 ▾	台中店	台北店	高雄店	總計	
5	⊞甜點	91,040	90,690	75,020	256,750	
6	⊟組合餐					
7	⊟中餐組合					
8	元氣熱狗中餐組	542,400	547,400	452,800	1,542,600	
9	元氣漢堡中餐組	237,800	238,600	200,800	677,200	
10	中餐組合 合計	780,200	786,000	653,600	2,219,800	
11	⊞早餐組合	85,050	86,400	69,900	241,350	
12	組合餐 合計	865,250	872,400	723,500	2,461,150	
13	⊞飲料	129,100	156,900	131,250	417,250	
14	⊞餐點	193,770	195,380	133,420	522,570	
15	總計	1,279,160	1,315,370	1,063,190	3,657,720	
16						

在樞紐分析表的加總結果中，若有想進一步了解的商品時，可以在下一層的詳細資料中進行追蹤。利用此方法，可以探討商品暢銷或滯銷的原因。

④ 圖表化

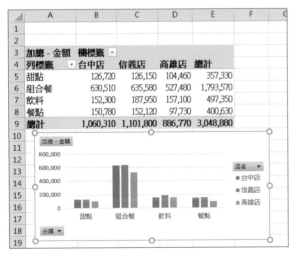

將樞紐分析表的資料繪製成樞紐分析圖後，從數值的大小或推測、比例等，就能輕鬆掌握整個數值的趨勢。

了解樞紐分析表各部份的名稱

樞紐分析表的畫面大致分為顯示在左側合計結果的樞紐分析表，和配置在右側的欄位。在此先分別認識各個區塊的名稱與功能吧！

1 樞紐分析表畫面的名稱與功能

樞紐分析表
由**欄位**工作窗格中的欄位配置後，顯示合計的結果

「欄位」工作窗格
參照下一頁

篩選欄位
在**篩選**區域中顯示配置的欄位

篩選鈕
使用在**篩選**欄位項目時。可以使用**值**以外的欄位

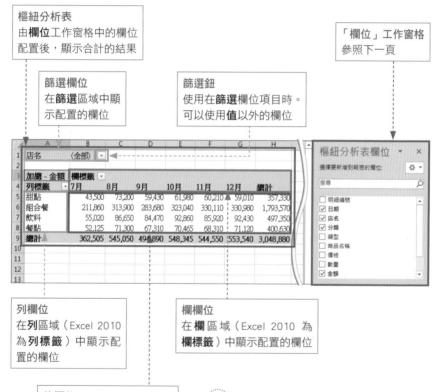

列欄位
在**列**區域（Excel 2010 為**列標籤**）中顯示配置的欄位

欄欄位
在**欄**區域（Excel 2010 為**欄標籤**）中顯示配置的欄位

值欄位
在**值**區域中顯示配置的欄位

Memo

「樞紐分析表工具」頁次

在樞紐分析表上按一下滑鼠左鍵後，會顯示的工作頁次，請參照 Unit 04 的說明。

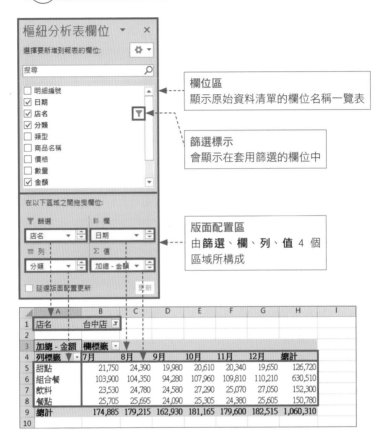

欄位區
顯示原始資料清單的欄位名稱一覽表

篩選標示
會顯示在套用篩選的欄位中

版面配置區
由 **篩選**、**欄**、**列**、**值** 4 個區域所構成

Keyword

欄位

欄位是指樞紐分析的原始資料清單中的各個欄位。欄的標題會變成欄位名稱。

Memo

Excel 2010 的版本

右表為 Excel 2016 與 Excel 2010 中，**版面配置**區 4 個區域名稱的對照表。

Excel 2016	Excel 2010
篩選區域	**報表篩選**區域
欄區域	**欄標籤**區域
列區域	**列標籤**區域
值區域	**值**區域

認識樞紐分析表的頁次及工具

選取樞紐分析表內的任一儲存格後，會顯示「樞紐分析表工具」的「分析」頁次（Excel 2010 為「選項」頁次）和「設計」頁次。分別認識各頁次的功能吧！

1 Excel 2016 / 2013 的版本

●「分析」頁次

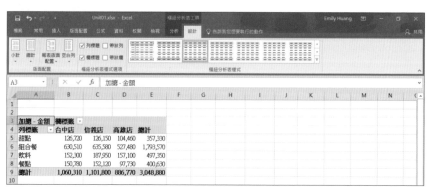

提供各項樞紐分析表的功能，如計算結果的篩選、變更計算方法、建立樞紐分析圖等

●「設計」頁次

提供設定樞紐分析表外觀的功能，如變更樞紐分析表標題、總計或小計的顯示 / 隱藏等

● 「選項」頁次

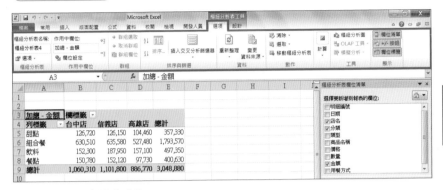

提供各項樞紐分析表的功能

● 「設計」頁次

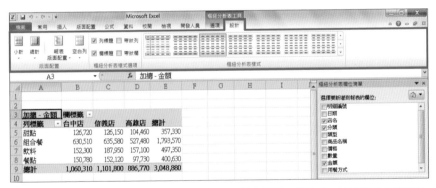

提供設定樞紐分析表外觀的功能,如變更樞紐分析表標題、總計或小計的顯示 / 隱藏等

Memo

關於排序

Excel 2016 / 2013 的**分析**頁次與 Excel 2010 的**選項**頁次內容有些許不同。例如,
Excel 2010 的**選項**頁次中有**排序**功能,但在 Excel 2016 / 2013 的**分析**頁次中卻沒
有。在 Excel 2016 / 2013 中要將資料排序時,請切換到**資料**頁次。

了解資料清單的編輯規則

要建立樞紐分析表時，必需要有原始資料清單。若沒有遵守規則編輯清單的話，會無法正確計算，因此在編輯時要特別注意。

1 何謂清單

清單是指樞紐分析表的原始資料表格。建立清單時，在工作表的第 1 列輸入標題，從第 2 列開始輸入資料。清單資料中，不可以有空白欄或空白列。另外，請不要將全形和半形文字混在一起使用，統一資料的類型後再輸入。

欄位
是指清單內的欄位。在同一欄位中輸入相同類型的資料

欄位名稱
欄位的標題名稱

清單
是指依照規則收集資料的表格。每一筆資料輸入在同一列

記錄
單筆的資料內容

	A	B	C	D	E	F	G	H	I	J
1	明細編號	日期	店名	分類	類型	商品名稱	價格	數量	金額	用餐方式
2	T1M0001	2016/7/1	信義店	飲料	熱飲	咖啡	$70	2	$140	外帶
3	T1M0002	2016/7/1	信義店	組合餐	早餐組合	活力熱狗早餐組	$80	1	$80	外帶
4	T1M0003	2016/7/1	信義店	飲料	熱飲	咖啡	$70	2	$140	內用
5	T1M0004	2016/7/1	信義店	甜點	蛋糕	起士蛋糕	$120	2	$240	內用
6	T1M0005	2016/7/1	信義店	飲料	熱飲	紅茶	$70	2	$140	內用
7	T1M0006	2016/7/1	信義店	組合餐	早餐組合	活力熱狗早餐組	$80	3	$240	外帶
8	T1M0007	2016/7/1	信義店	飲料	冰飲	綜合水果汁	$90	1	$90	內用
9	T1M0008	2016/7/1	信義店	甜點	蛋糕	起士蛋糕	$120	1	$120	內用
10	T1M0009	2016/7/1	信義店	飲料	熱飲	咖啡	$70	1	$70	外帶
11	T1M0010	2016/7/1	信義店	甜點	蛋糕	起士蛋糕	$120	1	$120	外帶
12	T1M0011	2016/7/1	信義店	飲料	冰飲	綜合蔬果汁	$90	2	$180	外帶
13	T1M0012	2016/7/1	信義店	組合餐	中餐組合	元氣熱狗中餐組	$150	2	$300	內用
14	T1M0013	2016/7/1	信義店	飲料	冰飲	綜合蔬果汁	$90	1	$90	外帶

Memo

建立清單時的主要規則

建立樞紐分析表的原始資料清單時，請注意以下事項。

- 在清單的首列輸入欄位名稱。
- 將欄位名稱及資料範圍的儲存格格式設定成不同樣式。
- 在清單中不要有空白列或空白欄。
- 將多個清單建立在同一個工作表中。
- 輸入資料時避免發生不同文字格式的情況。

② 無法使用的清單範例

● 輸入空白列的清單

清單中若出現空白欄或空白列時，Excel 會無法正確辨識清單的正確範圍

	A	B	C	D	E	F	G	H	I	J	K
1	明細編號	日期	店名	分類	類型	商品名稱	價格	數量	金額	用餐方式	
2	T1M0001	2016/7/1	信義店	飲料	熱飲	咖啡	$70	2	$140	外帶	
3	T1M0002	2016/7/1	信義店	組合餐	早餐組合	活力熱狗早餐組	$80	1	$80	外帶	
4											
5	T1M0004	2016/7/1	信義店	甜點	蛋糕	起士蛋糕	$120	2	$240	內用	
6	T1M0005	2016/7/1	信義店	飲料	熱飲	紅茶	$70	2	$140	內用	
7	T1M0006	2016/7/1	信義店	組合餐	早餐組合	活力熱狗早餐組	$80	3	$240	外帶	
8	T1M0007	2016/7/1	信義店	飲料	冰飲	綜合水果汁	$90	1	$90	內用	
9	T1M0008	2016/7/1	信義店	甜點	蛋糕	起士蛋糕	$120	1	$120	內用	
10	T1M0009	2016/7/1	信義店	飲料	熱飲	咖啡	$70	1	$70	外帶	
11											
12	T1M0011	2016/7/1	信義店	飲料	冰飲	綜合蔬果汁	$90	2	$180	外帶	
13	T1M0012	2016/7/1	信義店	組合餐	中餐組合	元氣熱狗中餐組	$150	2	$300	內用	
14	T1M0013	2016/7/1	信義店	飲料	冰飲	綜合蔬果汁	$90	1	$90	外帶	

● 將單筆資料輸入在多列的清單

	A	B	C	D	E	F	G
1	日期	店名	用餐方式				
2	2016/7/1	信義店	外帶				
3	明細編號	分類	類型	商品名稱	價格	數量	金額
4	T1M0001	飲料	熱飲	咖啡	$70	2	$140
5	日期	店名	用餐方式				
6	2016/7/1	信義店	外帶				
7	明細編號	分類	類型	商品名稱	價格	數量	金額
8	T1M0002	組合餐	早餐組合	活力熱狗早餐組	$80	1	$80
9	日期	店名	用餐方式				
10	2016/7/1	信義店	內用				
11	明細編號	分類	類型	商品名稱	價格	數量	金額
12	T1M0003	飲料	熱飲	咖啡	$70	2	$140
13	日期	店名	用餐方式				
14	2016/7/1	信義店	內用				

建立清單時，單筆的資料內容要輸入在同一列。單筆資料分成多列輸入或在儲存格內換列的話，這個清單就無法使用

● 文字格式不統一的清單

清單資料一定要依照規則輸入。當相同資料用中文字或英文字輸入、以半形或全形輸入時，會被樞紐分析表當成不同資料進行計算，因此要特別小心

	A	B	C	D	E	F	G	H	I	J	K
1	明細編號	日期	店名	分類	類型	商品名稱	價格	數量	金額	用餐方式	
2	T1M0001	2016/7/1	信義店	飲料	熱飲	咖啡	$70	2	$140	外帶	
3	T1M0002	2016/7/1	信義店	組合餐	早餐組合	活力熱狗早餐組	$80	1	$80	外帶	
4	T1M0003	2016/7/1	信義店	飲料	熱飲	咖啡	$70	1	$140	內用	
5	T1M0004	2016/7/1	信義店	甜點	蛋糕	Cheese蛋糕	$120	2	$240	內用	
6	T1M0005	2016/7/1	信義店	飲料	熱飲	紅茶	$70	2	$140	內用	
7	T1M0006	2016/7/1	信義店	組合餐	早餐組合	活力熱狗早餐組	$80	3	$240	外帶	
8	T1M0007	2016/7/1	信義店	飲料	冰飲	綜合水果汁	$90	1	$90	內用	
9	T1M0008	2016/7/1	信義店	甜點	蛋糕	起士口味蛋糕	$120	1	$120	內用	
10	T1M0009	2016/7/1	信義店	飲料	熱飲	咖啡	$70	1	$70	外帶	
11	T1M0010	2016/7/1	信義店	甜點	蛋糕	起士蛋糕	$120	1	$120	外帶	
12	T1M0011	2016/7/1	信義店	飲料	冰飲	綜合蔬果汁	$90	2	$180	內用	
13	T1M0012	2016/7/1	信義店	組合餐	中餐組合	元氣熱狗中餐組	$150	2	$300	內用	
14	T1M0013	2016/7/1	信義店	飲料	冰飲	綜合蔬果汁	$90	1	$90	外帶	

Unit 06

準備建立新的清單

以銷售明細清單為例，實際從第 1 列開始建立清單吧！輸入銷售資料時，要先思考需要什麼樣的欄位並事先整理好。

① 製作清單

1 在第 1 列輸入欄位名稱

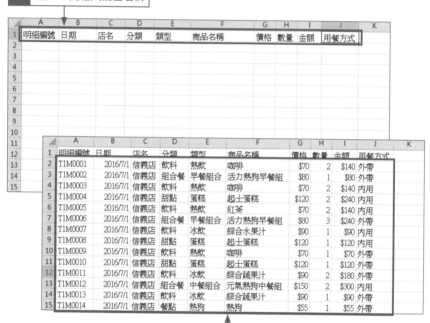

明細編號	日期	店名	分類	類型	商品名稱	價格	數量	金額	用餐方式
T1M0001	2016/7/1	信義店	飲料	熱飲	咖啡	$70	2	$140	外帶
T1M0002	2016/7/1	信義店	組合餐	早餐組合	活力熱狗早餐組	$80	1	$80	外帶
T1M0003	2016/7/1	信義店	飲料	熱飲	咖啡	$70	2	$140	內用
T1M0004	2016/7/1	信義店	甜點	蛋糕	起士蛋糕	$120	2	$240	內用
T1M0005	2016/7/1	信義店	飲料	熱飲	紅茶	$70	2	$140	外帶
T1M0006	2016/7/1	信義店	組合餐	早餐組合	活力熱狗早餐組	$80	3	$240	外帶
T1M0007	2016/7/1	信義店	飲料	冰飲	綜合水果汁	$90	1	$90	內用
T1M0008	2016/7/1	信義店	甜點	蛋糕	起士蛋糕	$120	1	$120	內用
T1M0009	2016/7/1	信義店	飲料	熱飲	咖啡	$70	1	$70	外帶
T1M0010	2016/7/1	信義店	甜點	蛋糕	起士蛋糕	$120	1	$120	外帶
T1M0011	2016/7/1	信義店	飲料	冰飲	綜合蔬果汁	$90	2	$180	外帶
T1M0012	2016/7/1	信義店	組合餐	中餐組合	元氣熱狗中餐組	$150	2	$300	內用
T1M0013	2016/7/1	信義店	飲料	冰飲	綜合蔬果汁	$90	1	$90	外帶
T1M0014	2016/7/1	信義店	餐點	熱狗	熱狗	$55	1	$55	外帶

2 在第 2 列以後輸入資料

輸入「欄位名稱」

欄位名稱會在樞紐分析表中多次使用，因此要避免欄位不足的情況發生，欄位名稱也要以容易懂的方式來命名。編輯銷售清單時，要使用可以了解何時、在哪、銷售數量等的欄位名稱。

② 設定欄位名稱的格式

欄位名稱的格式，要設定與第 2 列以後不同的格式，以便區別。這裡將把欄位名稱設定為儲存格置中顯示，並變更儲存格及文字的色彩

1 以拉曳方式選取欄位名稱的儲存格

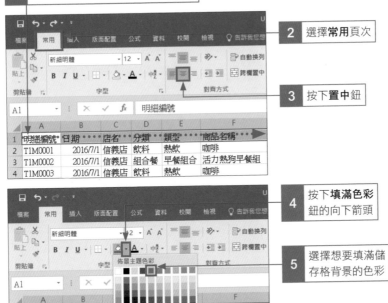

2 選擇**常用**頁次

3 按下**置中**鈕

4 按下**填滿色彩**鈕的向下箭頭

5 選擇想要填滿儲存格背景的色彩

6 按下**字型色彩**鈕的向下箭頭

7 選擇想要套用的文字色彩

Memo

設定欄位名稱格式

雖然這裡變更了欄位名稱的文字配置，及儲存格色彩與文字色彩，但格式是可以自由設定的。只要與第 2 列的格式有所區別，Excel 就會自動辨識欄位名稱。

在 Excel 中開啟記事本檔案

> 將其他軟體編輯的清單匯入 Excel 後,可以利用它來建立樞紐分析表。這裡將在 Excel 中開啟記事本裡的銷售資料檔案。

在其他軟體中編輯的清單,例如以**記事本**檔案格式儲存後,就能在 Excel 中使用。**記事本**檔案是指沒有任何格式設定,只有文字資料的集合。在 Excel 中開啟**記事本**檔案時,會開啟**匯入字串精靈**交談窗,依照畫面步驟指示操作即可。

Before

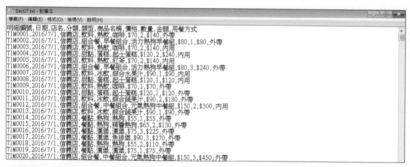

以**記事本**檔案格式儲存的銷售資料。每一個欄位間用逗號(,)區隔

After

	A	B	C	D	E	F	G	H	I	J	K	L
1	明細編號	日期	店名	分類	類型	商品名稱	價格	數量	金額	用餐方式		
2	T1M0001	2016/7/1	信義店	飲料	熱飲	咖啡	$70	2	$140	外帶		
3	T1M0002	2016/7/1	信義店	組合餐	早餐組合	活力熱狗早餐組	$80	1	$80	外帶		
4	T1M0003	2016/7/1	信義店	飲料	熱飲	咖啡	$70	2	$140	內用		
5	T1M0004	2016/7/1	信義店	甜點	蛋糕	起士蛋糕	$120	2	$240	內用		
6	T1M0005	2016/7/1	信義店	飲料	熱飲	紅茶	$70	2	$140	內用		
7	T1M0006	2016/7/1	信義店	組合餐	早餐組合	活力熱狗早餐組	$80	3	$240	外帶		
8	T1M0007	2016/7/1	信義店	飲料	冰飲	綜合水果汁	$90	1	$90	內用		
9	T1M0008	2016/7/1	信義店	甜點	蛋糕	起士蛋糕	$120	1	$120	內用		
10	T1M0009	2016/7/1	信義店	飲料	熱飲	咖啡	$70	1	$70	外帶		
11	T1M0010	2016/7/1	信義店	甜點	蛋糕	起士蛋糕	$120	1	$120	外帶		
12	T1M0011	2016/7/1	信義店	飲料	冰飲	綜合蔬果汁	$90	2	$180	外帶		
13	T1M0012	2016/7/1	信義店	組合餐	中餐組合	元氣熱狗中餐組	$150	2	$300	內用		

將**記事本**檔案在 Excel 中開啟。設定欄位名稱的格式,接著就可以當成清單來使用

① 開啟記事本檔案

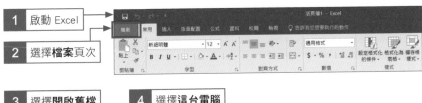

1 啟動 Excel

2 選擇**檔案**頁次

3 選擇**開啟舊檔**

4 選擇**這台電腦**

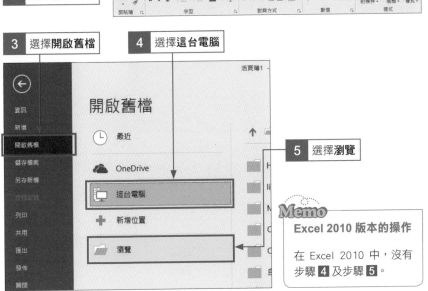

開啟舊檔

🕐 最近

☁ OneDrive

🖥 這台電腦

➕ 新增位置

📁 瀏覽

5 選擇**瀏覽**

Memo

Excel 2010 版本的操作

在 Excel 2010 中，沒有步驟 **4** 及步驟 **5**。

6 選取檔案儲存的資料夾

7 按下這裡，選擇**所有檔案 (*.*)**

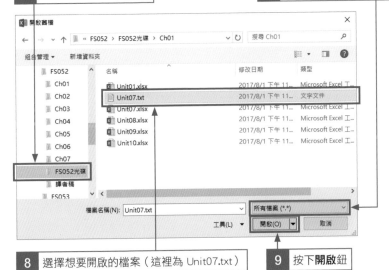

名稱	修改日期	類型
Unit01.xlsx	2017/8/1 下午 11...	Microsoft Excel 工...
Unit07.txt	2017/8/1 下午 11...	文字文件
Unit07.xlsx	2017/8/1 下午 11...	Microsoft Excel 工...
Unit08.xlsx	2017/8/1 下午 11...	Microsoft Excel 工...
Unit09.xlsx	2017/8/1 下午 11...	Microsoft Excel 工...
Unit10.xlsx	2017/8/1 下午 11...	Microsoft Excel 工...

檔案名稱(N): Unit07.txt　　　　所有檔案 (*.*)

工具(L) ▼　開啟(O) ▼　取消

8 選擇想要開啟的檔案（這裡為 Unit07.txt）

9 按下**開啟**鈕

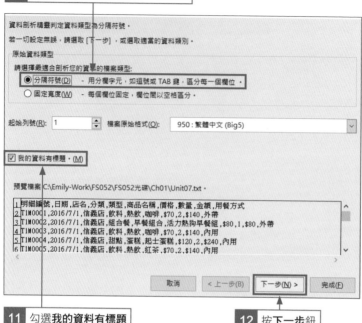

10 選擇**分隔符號 - 用分欄字元，如逗號或 TAB 鍵，區分每一個欄位**

資料剖析精靈判定資料類型為分隔符號。

若一切設定無誤，請選取 [下一步]，或選取適當的資料類別。

原始資料類型

請選擇最適合剖析您的資料的檔案類型：
- ⦿ 分隔符號(D) - 用分欄字元，如逗號或 TAB 鍵，區分每一個欄位。
- ○ 固定寬度(W) - 每個欄位固定，欄間以空格區分。

起始列號(R): 1 ⇕   檔案原始格式(O): 950 : 繁體中文 (Big5)

☑ 我的資料有標題。(M)

預覽檔案 C:\Emily-Work\FS052\FS052光碟\Ch01\Unit07.txt。

```
1 明細編號,日期,店名,分類,類型,商品名稱,價格,數量,金額,用餐方式
2 TIM0001,2016/7/1,信義店,飲料,熱飲,咖啡,$70,2,$140,外帶
3 TIM0002,2016/7/1,信義店,組合餐,早餐組合,活力熱狗早餐組,$80,1,$80,外帶
4 TIM0003,2016/7/1,信義店,飲料,熱飲,咖啡,$70,2,$140,內用
5 TIM0004,2016/7/1,信義店,甜點,蛋糕,起士蛋糕,$120,2,$240,內用
6 TIM0005,2016/7/1,信義店,飲料,熱飲,紅茶,$70,2,$140,內用
```

[取消] [< 上一步(B)] [下一步(N) >] [完成(F)]

11 勾選**我的資料有標題**

12 按**下一步**鈕

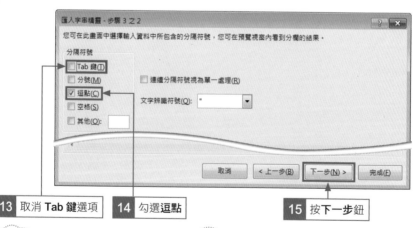

匯入字串精靈 - 步驟 3 之 2   ? ✕

您可在此畫面中選擇輸入資料中所包含的分隔符號，您可在預覽視窗中看到分欄的結果。

分隔符號
- ☐ Tab 鍵(T)
- ☐ 分號(M)   ☐ 連續分隔符號視為單一處理(R)
- ☑ 逗點(C)
- ☐ 空格(S)   文字辨識符號(Q): " ▼
- ☐ 其他(O): ▢

[取消] [< 上一步(B)] [下一步(N) >] [完成(F)]

13 取消 **Tab 鍵**選項

14 勾選**逗點**

15 按**下一步**鈕

Memo

Excel 2010 版本的操作

在 Excel 2010 的版本下，請省略步驟 **11**。

Memo

指定分隔符號的記號

在**匯入字串精靈 - 步驟 3 之 2** 的交談窗中，可以指定用來分隔資料的符號。

16 以預覽方式確認資料

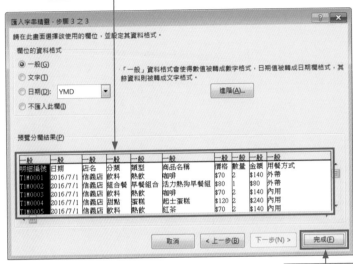

17 按下**完成**鈕

18 在 Excel 中開啟記事本檔案

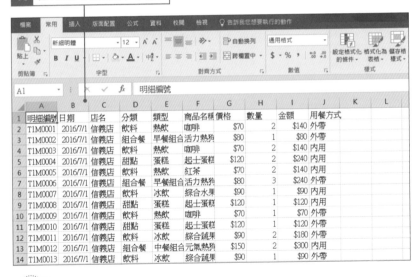

Memo

確認分隔的位置

步驟 **14** 中指定分隔符號後,在步驟 **16** 中的**預覽分欄結果**欄,就會在資料分隔的位置畫上直線,請在此欄位中確認資料的分隔是否正確。

② 調整清單外觀

這裡將調整欄位寬度，並設定格式

1 在欄位編號上以拉曳方式選取欄　　**2** 在任一欄位的邊界上快按兩下滑鼠左鍵

	A	B	C	D	E	F	G	H	I	J	K	L	M
1	明細編號	日期	店名	分類	類型	商品名稱	價格	數量	金額	用餐方式			
2	T1M0001	2016/7/1	信義店	飲料	熱飲	咖啡	$70	2	$140	外帶			
3	T1M0002	2016/7/1	信義店	組合餐	早餐組合	活力熱狗	$80	1	$80	外帶			
4	T1M0003	2016/7/1	信義店	飲料	熱飲	咖啡	$70	2	$140	內用			
5	T1M0004	2016/7/1	信義店	甜點	蛋糕	起士蛋糕	$120	2	$240	內用			
6	T1M0005	2016/7/1	信義店	飲料	熱飲	紅茶	$70	2	$140	內用			
7	T1M0006	2016/7/1	信義店	組合餐	早餐組合	活力熱狗	$80	3	$240	外帶			
8	T1M0007	2016/7/1	信義店	飲料	冰飲	綜合水果	$90	1	$90	內用			
9	T1M0008	2016/7/1	信義店	甜點	蛋糕	起士蛋糕	$120	1	$120	內用			
10	T1M0009	2016/7/1	信義店	飲料	熱飲	咖啡	$70	1	$70	外帶			
11	T1M0010	2016/7/1	信義店	甜點	蛋糕	起士蛋糕	$120	1	$120	外帶			
12	T1M0011	2016/7/1	信義店	飲料	冰飲	綜合蔬果	$90	2	$180	外帶			
13	T1M0012	2016/7/1	信義店	組合餐	中餐組合	元氣熱狗	$150	2	$300	內用			
14	T1M0013	2016/7/1	信義店	飲料	冰飲	綜合蔬果	$90	1	$90	外帶			
15	T1M0014	2016/7/1	信義店	餐點	熱狗	熱狗	$55	1	$55	外帶			

3 配合欄位文字的長度調整欄寬

	A	B	C	D	E	F	G	H	I	J	K
1	明細編號	日期	店名	分類	類型	商品名稱	價格	數量	金額	用餐方式	
2	T1M0001	2016/7/1	信義店	飲料	熱飲	咖啡	$70	2	$140	外帶	
3	T1M0002	2016/7/1	信義店	組合餐	早餐組合	活力熱狗早餐組	$80	1	$80	外帶	
4	T1M0003	2016/7/1	信義店	飲料	熱飲	咖啡	$70	2	$140	內用	
5	T1M0004	2016/7/1	信義店	甜點	蛋糕	起士蛋糕	$120	2	$240	內用	
6	T1M0005	2016/7/1	信義店	飲料	熱飲	紅茶	$70	2	$140	內用	
7	T1M0006	2016/7/1	信義店	組合餐	早餐組合	活力熱狗早餐組	$80	3	$240	外帶	
8	T1M0007	2016/7/1	信義店	飲料	冰飲	綜合水果汁	$90	1	$90	內用	
9	T1M0008	2016/7/1	信義店	甜點	蛋糕	起士蛋糕	$120	1	$120	內用	
10	T1M0009	2016/7/1	信義店	飲料	熱飲	咖啡	$70	1	$70	外帶	
11	T1M0010	2016/7/1	信義店	甜點	蛋糕	起士蛋糕	$120	1	$120	外帶	
12	T1M0011	2016/7/1	信義店	飲料	冰飲	綜合蔬果汁	$90	2	$180	外帶	
13	T1M0012	2016/7/1	信義店	組合餐	中餐組合	元氣熱狗中餐組	$150	2	$300	內用	
14	T1M0013	2016/7/1	信義店	飲料	冰飲	綜合蔬果汁	$90	1	$90	外帶	
15	T1M0014	2016/7/1	信義店	餐點	熱狗	熱狗	$55	1	$55	外帶	

4 利用 P.1-13 的方法，設定欄位名稱的儲存格格式

	A	B	C	D	E	F	G	H	I	J	K
1	明細編號	日期	店名	分類	類型	商品名稱	價格	數量	金額	用餐方式	
2	T1M0001	2016/7/1	信義店	飲料	熱飲	咖啡	$70	2	$140	外帶	
3	T1M0002	2016/7/1	信義店	組合餐	早餐組合	活力熱狗早餐組	$80	1	$80	外帶	
4	T1M0003	2016/7/1	信義店	飲料	熱飲	咖啡	$70	2	$140	內用	
5	T1M0004	2016/7/1	信義店	甜點	蛋糕	起士蛋糕	$120	2	$240	內用	
6	T1M0005	2016/7/1	信義店	飲料	熱飲	紅茶	$70	2	$140	內用	
7	T1M0006	2016/7/1	信義店	組合餐	早餐組合	活力熱狗早餐組	$80	3	$240	外帶	
8	T1M0007	2016/7/1	信義店	飲料	冰飲	綜合水果汁	$90	1	$90	內用	
9	T1M0008	2016/7/1	信義店	甜點	蛋糕	起士蛋糕	$120	1	$120	內用	
10	T1M0009	2016/7/1	信義店	飲料	熱飲	咖啡	$70	1	$70	外帶	
11	T1M0010	2016/7/1	信義店	甜點	蛋糕	起士蛋糕	$120	1	$120	外帶	
12	T1M0011	2016/7/1	信義店	飲料	冰飲	綜合蔬果汁	$90	2	$180	外帶	
13	T1M0012	2016/7/1	信義店	組合餐	中餐組合	元氣熱狗中餐組	$150	2	$300	內用	
14	T1M0013	2016/7/1	信義店	飲料	冰飲	綜合蔬果汁	$90	1	$90	外帶	
15	T1M0014	2016/7/1	信義店	餐點	熱狗	熱狗	$55	1	$55	外帶	

③ 儲存檔案

這裡將把記事本檔案另存成 Excel 檔案格式

1 選擇**檔案**頁次

2 選擇**另存新檔**　　**3** 選擇**這台電腦**

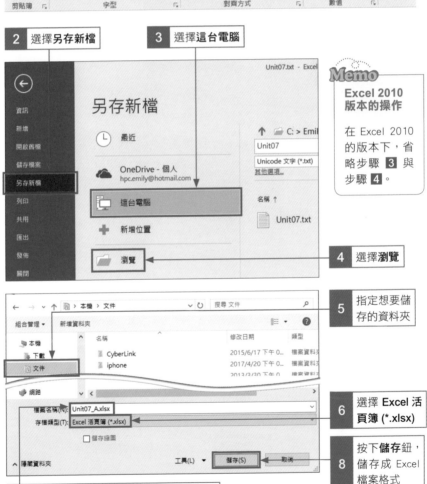

另存新檔

⏱ 最近

☁ OneDrive - 個人
hpc.emily@hotmail.com

🖥 這台電腦

➕ 新增位置

📁 瀏覽

Memo

Excel 2010 版本的操作

在 Excel 2010 的版本下，省略步驟 **3** 與 步驟 **4**。

4 選擇**瀏覽**

5 指定想要儲存的資料夾

6 選擇 Excel 活頁簿 (*.xlsx)

8 按下**儲存**鈕，儲存成 Excel 檔案格式

7 輸入檔案名稱（這裡為 Unit07_A.xlsx）

將資料轉換成表格

> 將清單轉換成表格後，整個清單會套用設定的格式，一筆一筆的將資料清楚區分。
> 這裡，我們要把清單轉換成每間隔一列就套用不同色彩的表格。

可以將**清單**轉換成**表格**後，再建立樞紐分析表。**表格**是指與其他儲存格資料不同
的區塊。**清單**轉換成**表格**後，不只會在整個清單中套用格線或色彩，還能輕鬆的新
增、排序及篩選資料。

Before

	A	B	C	D	E	F	G	H	I	J
1	明細編號	日期	店名	分類	類型	商品名稱	價格	數量	金額	用餐方式
2	T1M0001	2016/7/1	信義店	飲料	熱飲	咖啡	$70	2	$140	外帶
3	T1M0002	2016/7/1	信義店	組合餐	早餐組合	活力熱狗早餐組	$80	1	$80	外帶
4	T1M0003	2016/7/1	信義店	飲料	熱飲	咖啡	$70	2	$140	內用
5	T1M0004	2016/7/1	信義店	甜點	蛋糕	起士蛋糕	$120	2	$240	內用
6	T1M0005	2016/7/1	信義店	飲料	熱飲	紅茶	$70	2	$140	內用
7	T1M0006	2016/7/1	信義店	組合餐	早餐組合	活力熱狗早餐組	$80	3	$240	外帶
8	T1M0007	2016/7/1	信義店	飲料	冰飲	綜合水果汁	$90	1	$90	內用
9	T1M0008	2016/7/1	信義店	甜點	蛋糕	起士蛋糕	$120	1	$120	內用
10	T1M0009	2016/7/1	信義店	飲料	熱飲	咖啡	$70	1	$70	外帶
11	T1M0010	2016/7/1	信義店	甜點	蛋糕	起士蛋糕	$120	1	$120	外帶
12	T1M0011	2016/7/1	信義店	飲料	冰飲	綜合蔬果汁	$90	2	$180	外帶
13	T1M0012	2016/7/1	信義店	組合餐	中餐組合	元氣熱狗中餐組	$150	2	$300	內用
14	T1M0013	2016/7/1	信義店	飲料	冰飲	綜合蔬果汁	$90	1	$90	外帶

資料在**清單**的狀
態下進行篩選或
排序時，要切換
到**資料**頁次，開
啟設定視窗等，
操作上較麻煩

After

	A	B	C	D	E	F	G	H	I	J	K
1	明細編號	日期	店名	分類	類型	商品名稱	價格	數量	金額	用餐方式	
2	T1M0001	2016/7/1	信義店	飲料	熱飲	咖啡	$70	2	$140	外帶	
3	T1M0002	2016/7/1	信義店	組合餐	早餐組合	活力熱狗早餐組	$80	1	$80	外帶	
4	T1M0003	2016/7/1	信義店	飲料	熱飲	咖啡	$70	2	$140	內用	
5	T1M0004	2016/7/1	信義店	甜點	蛋糕	起士蛋糕	$120	2	$240	內用	
6	T1M0005	2016/7/1	信義店	飲料	熱飲	紅茶	$70	2	$140	內用	
7	T1M0006	2016/7/1	信義店	組合餐	早餐組合	活力熱狗早餐組	$80	3	$240	外帶	
8	T1M0007	2016/7/1	信義店	飲料	冰飲	綜合水果汁	$90	1	$90	內用	
9	T1M0008	2016/7/1	信義店	甜點	蛋糕	起士蛋糕	$120	1	$120	內用	
10	T1M0009	2016/7/1	信義店	飲料	熱飲	咖啡	$70	1	$70	外帶	
11	T1M0010	2016/7/1	信義店	甜點	蛋糕	起士蛋糕	$120	1	$120	外帶	
12	T1M0011	2016/7/1	信義店	飲料	冰飲	綜合蔬果汁	$90	2	$180	外帶	
13	T1M0012	2016/7/1	信義店	組合餐	中餐組合	元氣熱狗中餐組	$150	2	$300	內用	
14	T1M0013	2016/7/1	信義店	飲料	冰飲	綜合蔬果汁	$90	1	$90	外帶	

清單轉換成**表格**後，就會在整個清單中套用格式。另外，從顯示在欄位名稱
旁邊的 ▾ 按鈕中，可以立即進行篩選或排序

① 轉換成表格

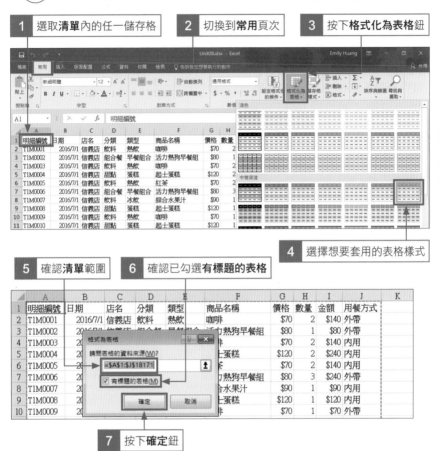

1 選取**清單**內的任一儲存格

2 切換到**常用**頁次

3 按下**格式化為表格**鈕

4 選擇想要套用的表格樣式

5 確認**清單**範圍

6 確認已勾選**有標題的表格**

格式為表格

請問表格的資料來源(W)?
=$A$1:$J$18171

☑ 有標題的表格(M)

確定　　取消

7 按下**確定**鈕

8 將**清單**轉換成**表格**了

明細編號	日期	店名	分類	類型	商品名稱	價格	數量	金額	用餐方式
T1M0001	2016/7/1	信義店	飲料	熱飲	咖啡	$70	2	$140	外帶
T1M0002	2016/7/1	信義店	組合餐	早餐組合	活力熱狗早餐組	$80	1	$80	外帶
T1M0003	2016/7/1	信義店	飲料	熱飲	咖啡	$70	2	$140	內用
T1M0004	2016/7/1	信義店	甜點	蛋糕	起士蛋糕	$120	2	$240	內用
T1M0005	2016/7/1	信義店	飲料	熱飲	紅茶	$70	2	$140	內用
T1M0006	2016/7/1	信義店	組合餐	早餐組合	活力熱狗早餐組	$80	3	$240	外帶
T1M0007	2016/7/1	信義店	飲料	冰飲	綜合水果汁	$90	1	$90	內用
T1M0008	2016/7/1	信義店	甜點	蛋糕	起士蛋糕	$120	1	$120	內用
T1M0009	2016/7/1	信義店	飲料	熱飲	咖啡	$70	1	$70	外帶
T1M0010	2016/7/1	信義店	甜點	蛋糕	起士蛋糕	$120	1	$120	外帶
T1M0011	2016/7/1	信義店	飲料	冰飲	綜合蔬果汁	$90	2	$180	外帶
T1M0012	2016/7/1	信義店	組合餐	中餐組合	元氣熱狗中餐組	$150	2	$300	內用
T1M0013	2016/7/1	信義店	飲料	冰飲	綜合蔬果汁	$90	1	$90	外帶

Unit 09

使用篩選功能統一用語

半形文字和全形文字混合一起使用的話，如「cafe」和「ｃａｆｅ」，會被認定成不同資料，而無法正確的計算出結果。這裡，將把全形文字篩選出來，修正成半形文字。

全形和半形文字、內文中是否有空白等不統一格式的輸入，都稱為「用語不統一」。將用語不統一的清單當成建立樞紐分析表的原始資料，會無法計算出正確結果。建立樞紐分析表前，請先利用**篩選**功能修正用語。

Before

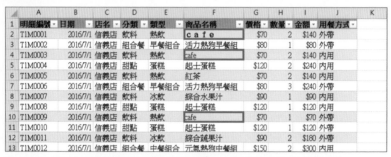

商品名稱中，「cafe」和「ｃａｆｅ」是同一商品，但混用了全形和半形文字的名稱，在這種情況下，資料會被當成不同商品計算

After

	A	B	C	D	E	F	G	H	I	J	K
1	明細編號	日期	店名	分類	類型	商品名稱	價格	數量	金額	用餐方式	
2	T1M0001	2016/7/1	信義店	飲料	熱飲	cafe	$70	2	$140	外帶	
3	T1M0002	2016/7/1	信義店	組合餐	早餐組合	活力熱狗早餐組	$80	1	$80	外帶	
4	T1M0003	2016/7/1	信義店	飲料	熱飲	cafe	$70	2	$140	內用	
5	T1M0004	2016/7/1	信義店	甜點	蛋糕	起士蛋糕	$120	2	$240	內用	
6	T1M0005	2016/7/1	信義店	飲料	熱飲	紅茶	$70	2	$140	外帶	
7	T1M0006	2016/7/1	信義店	組合餐	早餐組合	活力熱狗早餐組	$80	3	$240	外帶	
8	T1M0007	2016/7/1	信義店	飲料	冰飲	綜合水果汁	$90	1	$90	內用	
9	T1M0008	2016/7/1	信義店	甜點	蛋糕	起士蛋糕	$120	1	$120	內用	
10	T1M0009	2016/7/1	信義店	飲料	熱飲	cafe	$70	1	$70	外帶	
11	T1M0010	2016/7/1	信義店	甜點	蛋糕	起士蛋糕	$120	1	$120	外帶	
12	T1M0011	2016/7/1	信義店	飲料	冰飲	綜合蔬果汁	$90	2	$180	外帶	
13	T1M0012	2016/7/1	信義店	組合餐	中餐組合	元氣熱狗中餐組	$150	2	$300	內用	

篩選出「ｃａｆｅ」資料，將它修正成半形文字的「cafe」

① 篩選資料

利用 Unit 08 的操作，將清單轉換成表格

1 按下**商品名稱**欄右側的按鈕　　　　**2** 取消（**全選**）

3 勾選全形文字的「ｃａｆｅ」

4 按下**確定**鈕

5 篩選出全形文字的「ｃａｆｅ」　　　　**6** 選取儲存格，將「ｃａｆｅ」修正成「cafe」

7 按下**商品名稱**欄右側的按鈕

8 選擇**清除 " 商品名稱 " 的篩選**後，就會顯示所有資料

Hint

修正資料很多的情況下

要修正的資料筆數很多時，利用上面的操作方法來修改，會花較多時間。此時可以使用 Unit 10 介紹的**取代**功能，或**附錄**所介紹的函數方法（參照 P.A-6）。

利用「取代」功能統一用語

在清單中,將同樣的商品名稱輸入成「烤起士蛋糕」或「起士蛋糕」時,會被當成不同商品來計算,這時可使用「取代」功能來修正。

「信義店」和「信義分店」、「烤起士蛋糕」和「起士蛋糕」會被視為完全不同的資料,在樞紐分析表中也會被當成不同項目來計算。使用**取代**功能後,可以在**尋找目標**欄指定要在清單中尋找的內容,在**取代成**欄指定想要置換的內容。

Before

	A	B	C	D	E	F	G	H	I	J	K
1	明細編號	日期	店名	分類	類型	商品名稱	價格	數量	金額	用餐方式	
2	T1M0001	2016/7/1	信義店	飲料	熱飲	咖啡	$70	2	$140	外帶	
3	T1M0002	2016/7/1	信義店	組合餐	早餐組合	活力熱狗早餐組	$80	1	$80	外帶	
4	T1M0003	2016/7/1	信義店	飲料	熱飲	咖啡	$70	2	$140	內用	
5	T1M0004	2016/7/1	信義店	甜點	蛋糕	烤起士蛋糕	$120	2	$240	內用	
6	T1M0005	2016/7/1	信義店	飲料	熱飲	紅茶	$70	2	$140	外帶	
7	T1M0006	2016/7/1	信義店	組合餐	早餐組合	活力熱狗早餐組	$80	3	$240	外帶	
8	T1M0007	2016/7/1	信義店	飲料	冰飲	綜合水果汁	$90	1	$90	內用	
9	T1M0008	2016/7/1	信義店	甜點	蛋糕	起士蛋糕	$120	1	$120	內用	
10	T1M0009	2016/7/1	信義店	飲料	熱飲	咖啡	$70	1	$70	外帶	
11	T1M0010	2016/7/1	信義店	甜點	蛋糕	烤起士蛋糕	$120	1	$120	外帶	
12	T1M0011	2016/7/1	信義店	飲料	冰飲	綜合蔬果汁	$90	2	$180	外帶	

同商品中,有不同的商品名稱。在這樣的情況下進行資料合計的話,會被視為不同商品來計算

After

	A	B	C	D	E	F	G	H	I	J	K
1	明細編號	日期	店名	分類	類型	商品名稱	價格	數量	金額	用餐方式	
2	T1M0001	2016/7/1	信義店	飲料	熱飲	咖啡	$70	2	$140	外帶	
3	T1M0002	2016/7/1	信義店	組合餐	早餐組合	活力熱狗早餐組	$80	1	$80	外帶	
4	T1M0003	2016/7/1	信義店	飲料	熱飲	咖啡	$70	2	$140	內用	
5	T1M0004	2016/7/1	信義店	甜點	蛋糕	起士蛋糕	$120	2	$240	內用	
6	T1M0005	2016/7/1	信義店	飲料	熱飲	紅茶	$70	2	$140	外帶	
7	T1M0006	2016/7/1	信義店	組合餐	早餐組合	活力熱狗早餐組	$80	3	$240	外帶	
8	T1M0007	2016/7/1	信義店	飲料	冰飲	綜合水果汁	$90	1	$90	內用	
9	T1M0008	2016/7/1	信義店	甜點	蛋糕	起士蛋糕	$120	1	$120	內用	
10	T1M0009	2016/7/1	信義店	飲料	熱飲	咖啡	$70	1	$70	外帶	
11	T1M0010	2016/7/1	信義店	甜點	蛋糕	起士蛋糕	$120	1	$120	外帶	
12	T1M0011	2016/7/1	信義店	飲料	冰飲	綜合蔬果汁	$90	2	$180	外帶	

使用**取代**功能,將「烤起士蛋糕」修正成「起士蛋糕」。這樣一來,就能以同商品計算

① 置換資料

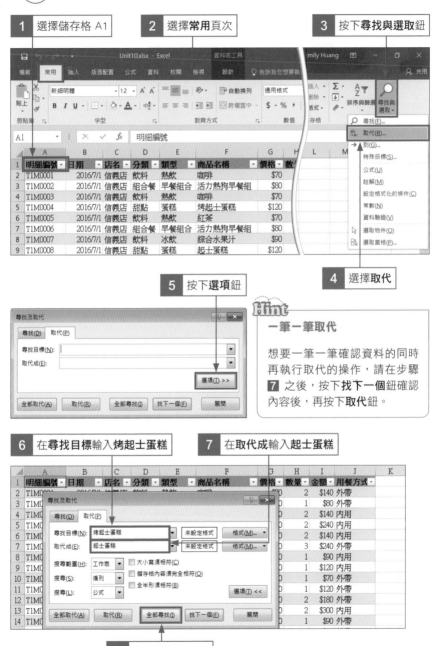

1 選擇儲存格 A1

2 選擇**常用**頁次

3 按下**尋找與選取**鈕

4 選擇**取代**

5 按下**選項**鈕

Hint

一筆一筆取代

想要一筆一筆確認資料的同時再執行取代的操作，請在步驟 **7** 之後，按下**找下一個**鈕確認內容後，再按下**取代**鈕。

6 在**尋找目標**輸入**烤起士蛋糕**

7 在**取代成**輸入**起士蛋糕**

8 按下**全部尋找**鈕

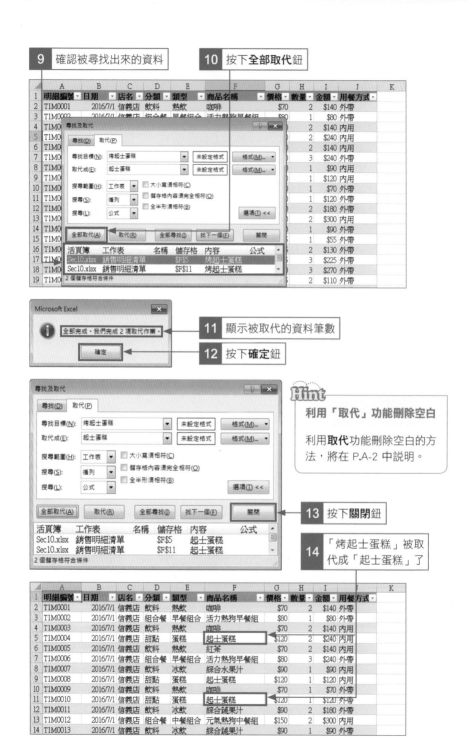

第 **2** 章

建立樞紐分析表

Unit **11**

確認樞紐分析表的建立流程

在這個單元裡，我們將以銷售明細清單做為建立樞紐分析表的原始資料，接著就來確認建立樞紐分析表時的 2 個步驟。

 建立樞紐分析表的基礎架構

樞紐分析表是將銷售資料等清單當作原始資料來建立的，清單的建立方法請參照 P.1-12。

	A	B	C	D	E	F	G	H	I	J	K
1	明細編號	日期	店名	分類	類型	商品名稱	價格	數量	金額	用餐方式	
2	T1M0001	2016/7/1	信義店	飲料	熱飲	咖啡	$70	2	$140	外帶	
3	T1M0002	2016/7/1	信義店	組合餐	早餐組合	活力熱狗早餐組	$80	1	$80	外帶	
4	T1M0003	2016/7/1	信義店	飲料	熱飲	咖啡	$70	2	$140	內用	
5	T1M0004	2016/7/1	信義店	甜點	蛋糕	起士蛋糕	$120	2	$240	內用	
6	T1M0005	2016/7/1	信義店	飲料	熱飲	紅茶	$70	2	$140	內用	
7	T1M0006	2016/7/1	信義店	組合餐	早餐組合	活力熱狗早餐組	$80	3	$240	外帶	
8	T1M0007	2016/7/1	信義店	飲料	冰飲	綜合水果汁	$90	1	$90	內用	
9	T1M0008	2016/7/1	信義店	甜點	蛋糕	起士蛋糕	$120	1	$120	內用	
10	T1M0009	2016/7/1	信義店	飲料	熱飲	咖啡	$70	1	$70	外帶	
11	T1M0010	2016/7/1	信義店	甜點	蛋糕	起士蛋糕	$120	1	$120	外帶	
12	T1M0011	2016/7/1	信義店	飲料	冰飲	綜合蔬果汁	$90	2	$180	外帶	
13	T1M0012	2016/7/1	信義店	組合餐	中餐組合	元氣熱狗中餐組	$150	2	$300	內用	
14	T1M0013	2016/7/1	信義店	飲料	冰飲	綜合蔬果汁	$90	1	$90	外帶	
15	T1M0014	2016/7/1	信義店	餐點	熱狗	熱狗	$55	1	$55	外帶	

樞紐分析表
的基礎架構

樞紐分析表欄位
工作窗格

建立樞紐分析表時，工作表中會顯示樞紐分析表的基礎架構。清單中的欄位名稱會自動排列在右側的**樞紐分析表欄位**工作窗格。

② 指定配置方式

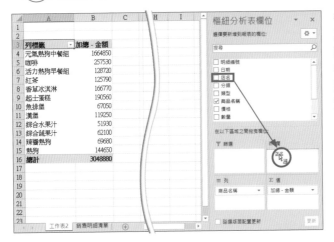

在**樞紐分析表欄位**工作窗格中選取要配置的欄位，再將欄位拉曳到對應的區域，即可指定配置方式。

依照指定的配置方式，在原來空白的樞紐分析表基礎架構中顯示計算結果。

樞紐分析表的配置方式，建立後還可以再變更。另外，計算的方式除了合計外，還可以計算出資料的件數或平均、構成比例等各種結果。

樞紐分析表的基礎架構

以速食店的銷售清單為基礎,來建立樞紐分析表的基礎架構。建立好樞紐分析表的基礎架構後,在與清單不同的工作表中顯示空白合計表。

在樞紐分析表中建立的合計表,一開始是空白的樞紐分析表。建立基礎架構時,因為需要資料清單,因此請參照 Unit 05,確認資料清單的形式。在 Excel 2016 / 2013 中,利用**建議的樞紐分析表**功能也能建立基礎架構。

Before

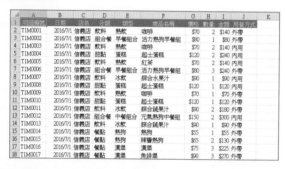

將銷售明細清單的工作表清單當成原始資料,來建立樞紐分析表

After

樞紐分析表的基礎架構會顯示在新的工作表中

① 建立樞紐分析表的基礎架構

開啟想要建立樞紐分析表的工作表（此例為**銷售明細清單**）

1 選取清單內的任一儲存格　　**2** 切換至**插入**頁次

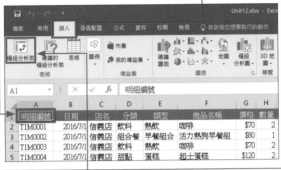

Memo

建議的樞紐分析表功能

在 Excel 2016 / 2013 中執行完步驟 **2** 後，按下**插入**頁次的**建議的樞紐分析表**也能建立樞紐分析表。

3 按下**樞紐分析表**鈕（Excel 2010 為**樞紐分析表**鈕的上半部）

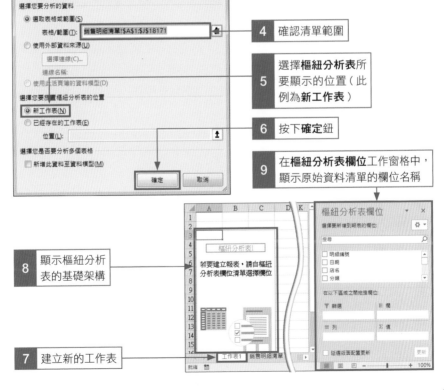

4 確認清單範圍

5 選擇**樞紐分析表**所要顯示的位置（此例為**新工作表**）

6 按下**確定**鈕

9 在**樞紐分析表欄位**工作窗格中，顯示原始資料清單的欄位名稱

8 顯示樞紐分析表的基礎架構

7 建立新的工作表

指定配置方式建立交叉表格

在 Unit 12 建立樞紐分析表的基礎架構中指定欄位的配置後，就完成樞紐分析表了，還可以利用**樞紐分析表欄位工作窗格**來指定其它配置。

在此要計算每個商品在各分店的銷售金額。在**樞紐分析表欄位**工作窗格的**列**區域配置**商品名稱**欄位，在**欄**區域配置**店名**欄位，在**值**區域配置**金額**欄位。完成後，就會顯示商品名稱及店名的交叉位置為金額合計的表格。

Before

只有樞紐分析表的基礎架構，是無法顯示計算結果的

After

配置欄位後，就能計算出各商品在各分店的銷售合計

在「列」區域中配置欄位

在**列**區域新增**商品名稱**（Excel 2010 為**列標籤**區域）

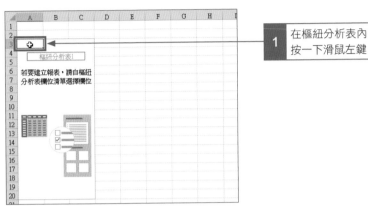

1 在樞紐分析表內按一下滑鼠左鍵

2 將滑鼠指標移到**樞紐分析表欄位**工作窗格中**商品名稱**欄位上

Memo

指定「列」欄位的標題

在**列**區域（Excel 2010 為**列標籤**區域）所配置的欄位，為樞紐分析表左邊的項目。因為這裡配置了**商品名稱**，所以輸入在原始資料清單中的商品名稱會顯示在**列**欄位。

3 拉曳到配置範圍的**列**區域（Excel 2010 為**列標籤**區域）

② 在「值」區域中配置欄位

在值區域新增金額

| **1** | 將滑鼠指標移到**金額**欄位上 | **2** | 拉曳到**值**區域 |

Memo

指定「計算欄位」的標題

將數值資料的欄位配置到**值**區域後，會計算出**加總**；數值以外的資料配置到**值**區域，則會計算出「資料的筆數」。

| **3** | 計算出各商品金額的合計 |

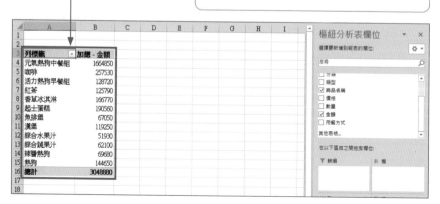

列標籤	加總 - 金額
元氣熱狗中餐組	1664850
咖啡	257530
活力熱狗早餐組	128720
紅茶	125790
香草冰淇淋	166770
起士蛋糕	190560
魚排堡	67050
漢堡	119250
綜合水果汁	51930
綜合蔬果汁	62100
辣醬熱狗	69680
熱狗	144650
總計	3048880

在**欄**區域新增**店名**（Excel 2010 為**欄標籤**區域）

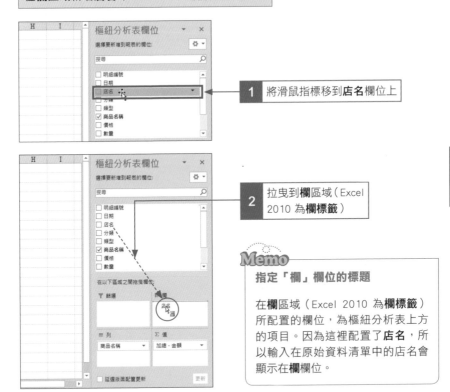

1 將滑鼠指標移到**店名**欄位上

2 拉曳到**欄**區域（Excel 2010 為**欄標籤**）

Memo

指定「欄」欄位的標題

在**欄**區域（Excel 2010 為**欄標籤**）所配置的欄位，為樞紐分析表上方的項目。因為這裡配置了**店名**，所以輸入在原始資料清單中的店名會顯示在**欄**欄位。

3 計算出各商品在各分店的合計金額

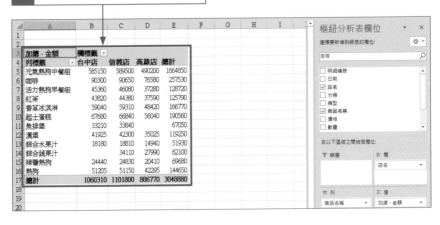

Unit **14**

在數值中顯示千分位

即使在原始資料清單中設定千分位符號，在樞紐分析表中也不會顯示。接下來我們將為樞紐分析表的**計算結果中加上千分位符號**，以 Unit 13 建立的樞紐分析表為例。

要在樞紐分析表的計算結果中設定千分位符號時，可以從欲設定千分位符號的欄位之**值欄位設定**交談窗中指定顯示的樣式。勾選**使用千分位 (,) 符號**後，就會在數值中顯示。完成後，計算結果也會比較好閱讀。

Before

	A	B	C	D	E	F
1						
2						
3	加總 - 金額	欄標籤				
4	列標籤	台中店	信義店	高雄店	總計	
5	元氣熱狗中餐組	585150	589500	490200	1664850	
6	咖啡	90300	90650	76580	257530	
7	活力熱狗早餐組	45360	46080	37280	128720	
8	紅茶	43820	44380	37590	125790	
9	香草冰淇淋	59040	59310	48420	166770	
10	起士蛋糕	67680	66840	56040	190560	
11	魚排堡	33210	33840		67050	
12	漢堡	41925	42300	35025	119250	
13	綜合水果汁	18180	18810	14940	51930	
14	綜合蔬果汁		34110	27990	62100	
15	辣醬熱狗	24440	24830	20410	69680	
16	熱狗	51205	51150	42295	144650	
17	總計	1060310	1101800	886770	3048880	

在剛才建立的樞紐分析表中，計算結果不會顯示千分位符號，所以數值不好閱讀

After

	A	B	C	D	E
1					
2					
3	加總 - 金額	欄標籤			
4	列標籤	台中店	信義店	高雄店	總計
5	元氣熱狗中餐組	585,150	589,500	490,200	1,664,850
6	咖啡	90,300	90,650	76,580	257,530
7	活力熱狗早餐組	45,360	46,080	37,280	128,720
8	紅茶	43,820	44,380	37,590	125,790
9	香草冰淇淋	59,040	59,310	48,420	166,770
10	起士蛋糕	67,680	66,840	56,040	190,560
11	魚排堡	33,210	33,840		67,050
12	漢堡	41,925	42,300	35,025	119,250
13	綜合水果汁	18,180	18,810	14,940	51,930
14	綜合蔬果汁		34,110	27,990	62,100
15	辣醬熱狗	24,440	24,830	20,410	69,680
16	熱狗	51,205	51,150	42,295	144,650
17	總計	1,060,310	1,101,800	886,770	3,048,880

在計算結果中顯示千分位符號後，數值就容易閱讀了

為計算結果加上千分位符號

此例將為配置在**值**區域中的「金額」加上千分位符號

1 選取樞紐分析表內任一儲存格

3 選擇值欄位的設定

2 在值區域的**加總 - 金額**上按一下滑鼠左鍵

4 按下**數值格式**鈕

5 選擇**數值**

6 勾選**使用千分位 (,) 符號**

7 按下**確定**鈕

8 在顯示的交談窗中按下**確定**鈕後,就會如上頁下方的圖所示,顯示千分位符號

變更計算項目就能變更觀點

建立樞紐分析表後，各區域配置的欄位都可以依需要替換。每次將欄位替換時，合計表會自動變化。

分析大量資料時，從各種不同觀點讀取資料是很重要的。樞紐分析表中「樞紐」的英文 Pivot 也有「樞軸轉動」的意思。因此，將**欄**區域或**列**區域當成樞軸後，要變動欄位時，只要利用拉曳方式就能將欄位自由替換。

Before

	A	B	C	D	E
1					
2					
3	加總 - 金額	欄標籤			
4	列標籤	台中店	信義店	高雄店	總計
5	元氣熱狗中餐組	585,150	589,500	490,200	1,664,850
6	咖啡	90,300	90,650	76,580	257,530
7	活力熱狗早餐組	45,360	46,080	37,280	128,720
8	紅茶	43,820	44,380	37,590	125,790
9	香草冰淇淋	59,040	59,310	48,420	166,770
10	起士蛋糕	67,680	66,840	56,040	190,560
11	魚排堡	33,210	33,840		67,050
12	漢堡	41,925	42,300	35,025	119,250
13	綜合水果汁	18,180	18,810	14,940	51,930
14	綜合蔬果汁		34,110	27,990	62,100
15	辣番熱狗	24,440	24,830	20,410	69,680
16	熱狗	51,205	51,150	42,295	144,650
17	總計	1,060,310	1,101,800	886,770	3,048,880
18					

顯示各種商品在各分店的銷售金額合計結果，但這樣的結果無法得知商品是**內用**還是**外帶**

After

	A	B	C	D	E	F
1						
2						
3	加總 - 金額	欄標籤				
4	列標籤	內用	外帶	總計		
5	台中店	448135	612175	1060310		
6	信義店	320895	780905	1101800		
7	高雄店	271265	615505	886770		
8	總計	1040295	2008585	3048880		
9						
10						
11						
12						
13						
14						
15						
16						
17						

將樞紐分析表變更成可計算出**內用**或**外帶**的合計金額

① 刪除欄位

此例將從**列**區域（Excel 2010 為**列標籤**區域）中把**商品名稱**刪除

| **1** 選取樞紐分析表內任一儲存格 | **2** 取消**商品名稱**前的打勾符號 |

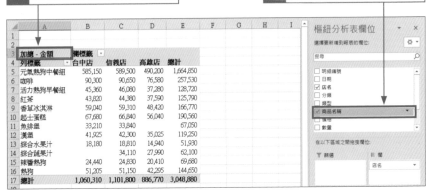

| **3** **商品名稱**項目被刪除後，合計表的樣式也會變動 |

Memo

用拉曳方式刪除

在**樞紐分析表欄位**工作窗格中，將列區域（Excel 2010 為**列標籤**區域）中的**商品名稱**拉曳到範圍外，就能將欄位刪除。這時，滑鼠指標的下方會顯示 ✗。

Hint

還原配置

樞紐分析表的配置，可以依需求一直不斷的變動。變動後想要立即還原時，可以按下**快速存取工具列**的**復原**鈕。

② 移動欄位

此例要將**店名**移動到**列**區域（Excel 2010 為**列標籤**區域）

> **1** 將**店名**從**欄**區域（Excel 2010 為**欄標籤**）拉曳到**列**區域（Excel 2010 為**列標籤**）

> **2** **店名**顯示在左側，計算表的樣式也會跟著變動

Memo

以「選擇命令」的方式移動

在**樞紐分析表欄位**工作窗格中，配置在**欄**區域的**店名**上按一下滑鼠左鍵，然後從出現的選單中選擇**移到列標籤**後，也能移動欄位。

③ 新增欄位

此例將在**欄**區域（Excel 2010 為**欄標籤**）中新增**用餐方式**

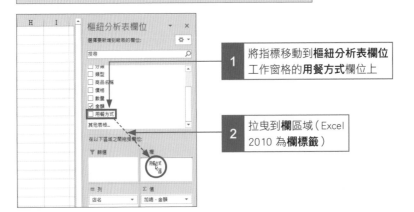

1 將指標移動到**樞紐分析表欄位**工作窗格的**用餐方式**欄位上

2 拉曳到**欄**區域（Excel 2010 為**欄標籤**）

3 **用餐方式**欄位移動到**欄**區域（Excel 2010 為**欄標籤**）後，計算表的樣式也會跟著變動

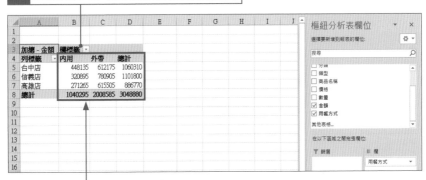

4 顯示各分店依**用餐方式**計算出合計的銷售金額

Memo

以勾選方式新增

在欄位名稱前方的 □ 符號上按一下滑鼠左鍵，勾選欄位後，就能進行配置。這時，數值資料的欄位，會自動配置到**值**區域；其他欄位會配置在**欄**區域（Excel 2010 為**欄標籤**）。

將資料依大類別、小類別整理後再計算

配置範圍中有 4 個區域,這 4 個區域可以分別新增多個欄位。此例將在列區域中新增分類及商品名稱,以建立有層級的統計表。

在**欄**區域或**列**區域中配置數值的欄位時,重點在於要將欄位中較大分類的欄位配置在上方。此例將**商品分類**顯示在**分類**之下,**分類**底下又依**類型**、**商品名稱**等順序排列。在這樣的情況下,可以顯示每個分類或類型的合計結果。

Before

▲	A	B	C
1			
2			
3	列標籤　▼	加總 - 金額	
4	元氣熱狗中餐組	1,664,850	
5	咖啡	257,530	
6	活力熱狗早餐組	128,720	
7	紅茶	125,790	
8	香草冰淇淋	166,770	
9	起士蛋糕	190,560	
10	魚排堡	67,050	
11	漢堡	119,250	
12	綜合水果汁	51,930	
13	綜合蔬果汁	62,100	
14	辣醬熱狗	69,680	
15	熱狗	144,650	
16	總計	3,048,880	
17			

顯示各商品的銷售金額合計。變更成可以同時確認各商品分類或類型的合計結果

After

▲	A	B	C
1			
2			
3	列標籤　▼	加總 - 金額	
4	⊟甜點		
5	⊟冰淇淋		
6	香草冰淇淋	166,770	
7	⊟蛋糕		
8	起士蛋糕	190,560	
9	⊞組合餐	1,793,570	
10	⊟飲料		
11	⊟冰飲		
12	綜合水果汁	51,930	
13	綜合蔬果汁	62,100	
14	⊟熱飲		
15	咖啡	257,530	
16	紅茶	125,790	
17	⊟餐點		
18	⊞漢堡	186,300	
19	⊟熱狗		
20	辣醬熱狗	69,680	
21	熱狗	144,650	
22	總計	3,048,880	
23			

在**列**區域的**商品名稱**上方新增**分類**或**類型**。完成後,就能顯示**商品分類**或**類型**的計算結果

① 依分類計算出各商品的銷售明細

此例將在**列區域**（Excel 2010 為**列標籤區域**）中新增分類及類型

1 選取樞紐分析表內任一儲存格

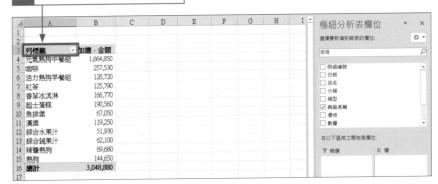

2 將**分類**拉曳到**列**區域（Excel 2010 為**列標籤**區域）中**商品名稱**的上方

3 顯示各分類中各項商品的合計結果

StepUp

顯示無類別的欄位

原始清單中，沒有顯示商品名稱的分類欄位時，在之後的分類中會建立群組進行計算（參照 Unit 21）。

4 將**類型**拉曳到**列**區域（Excel 2010 為**列標籤**區域）中**商品名稱**的上方

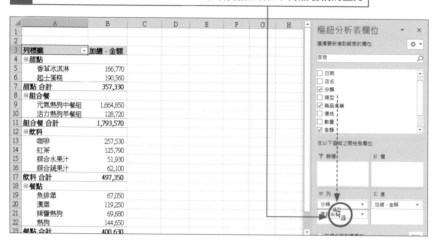

5 依照**分類**、**類型**、**商品名稱**順序的 3 個階層，顯示整理後的計算結果

Hint

關於配置的位置

配置在**列**區域（Excel 2010 為**列標籤**區域）
中的欄位順序可以再變動。將想要移動的欄
位往上或往下拉曳即可移動（這裡將**分類**往
上移動）。

2　依店名計算出各商品的銷售明細

此例將在**列**區域（Excel 2010 為**列標籤**區域）中新增**店名**

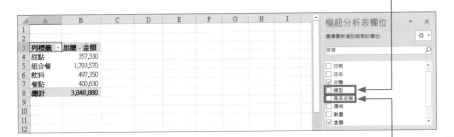

1 取消**類型**

2 取消**商品名稱**

3 將**店名**拉曳到**列**區域（Excel 2010 為**列標籤**區域），在**分類**的上方

4 顯示各店中各分類的計算結果

Hint

顯示各分類在各店的計算結果

要顯示各分類在各店的計算結果時，可以在**列**區域（Excel 2010 為**列標籤**區域）中將欄位依照**分類**、**店名**順序排列。只要排列順序不相同，資料可讀取的內容就不相同。

Unit 17

在樞紐分析表反應出原始清單，增加新資料的計算結果

在樞紐分析表的原始資料清單中追加資料後，並不會反應在樞紐分析表的計算結果。因此在原始資料中增加資料後，要以手動方式修改清單的資料範圍。

樞紐分析表是使用 P.2-5 **建立樞紐分析表**交談窗中所設定的儲存格範圍來計算。之後，若**在清單中增加資料時，需要重新指定清單的資料範圍**。請特別注意，若忘了這個操作，就無法計算出正確結果。

Before

▲	A	B	C
1			
2			
3	列標籤 ▼	加總 - 金額	
4	元氣熱狗中餐組	1,662,450	
5	咖啡	257,390	
6	活力熱狗早餐組	128,560	
7	紅茶	125,790	
8	香草冰淇淋	166,770	
9	起士蛋糕	190,440	
10	魚排堡	67,050	
11	漢堡	118,500	
12	綜合水果汁	51,840	
13	綜合蔬果汁	61,830	
14	辣醬熱狗	69,290	
15	熱狗	143,880	
16	總計	3,043,790	
17			

要將 32 筆資料增加到原始資料清單。但只單純增加資料的話，在樞紐分析表中無法反應資料增加後的計算結果

After

▲	A	B	C
1			
2			
3	列標籤 ▼	加總 - 金額	
4	元氣熱狗中餐組	1,664,850	
5	咖啡	257,530	
6	活力熱狗早餐組	128,720	
7	紅茶	125,790	
8	香草冰淇淋	166,770	
9	起士蛋糕	190,560	
10	魚排堡	67,050	
11	漢堡	119,250	
12	綜合水果汁	51,930	
13	綜合蔬果汁	62,100	
14	辣醬熱狗	69,680	
15	熱狗	144,650	
16	總計	3,048,880	
17			

重新指定原始資料範圍後，就能更新成包含追加資料的計算結果

① 在清單中追加資料

1 選擇工作表名稱（此例為**資料**）

2 以拉曳方式選取想要增加的資料範圍（此例為儲存格 A2：J33）

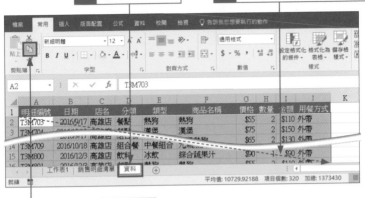

3 按下**常用**頁次中的**複製**鈕

5 選擇清單中最後一列的下一列儲存格（此例為儲存格「A18140」）

6 按下**常用**頁次中**貼上**鈕的上半部

4 選擇工作表名稱（此例為**銷售明細清單**）

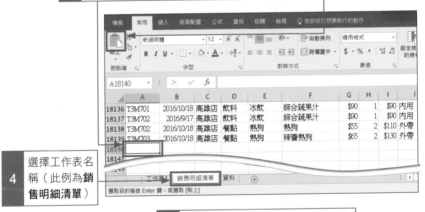

7 32 筆資料增加到原始資料清單中了

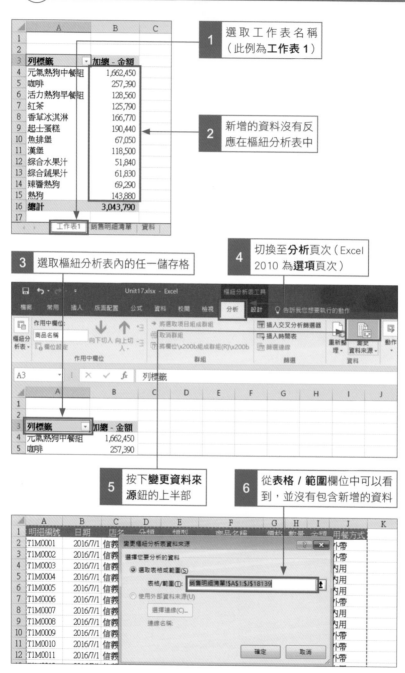

1　選取工作表名稱（此例為**工作表1**）

2　新增的資料沒有反應在樞紐分析表中

3　選取樞紐分析表內的任一儲存格

4　切換至**分析**頁次（Excel 2010 為**選項**頁次）

5　按下**變更資料來源**鈕的上半部

6　從**表格/範圍**欄位中可以看到，並沒有包含新增的資料

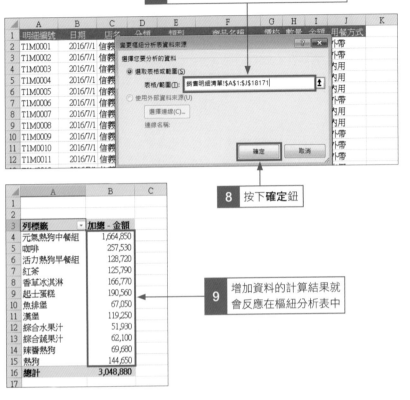

7 在**表格 / 範圍**欄位輸入包含新增資料的清單範圍（參照下面的 Memo）

8 按下**確定**鈕

9 增加資料的計算結果就會反應在樞紐分析表中

Memo

快速選擇全體清單

在步驟 **7** 中選擇包含新增資料的全體清單，若資料範圍太大，利用拉曳方式不好選取時，可以利用速鍵來完成。首先，選擇清單左上角的儲存格（此例為儲存格「A1」），然後按下 Ctrl + Shift + ↓ 鍵，選取最左邊欄位（此例為 A 欄）的資料範圍後，接著按下 Ctrl + Shift + → 鍵，就能選取全體清單了。

Hint

從「表格」建立樞紐分析表的情況

從**表格**資料建立樞紐分析表的情況下，在最後一列新增資料後，會自動擴大清單的範圍。要反應新增資料的計算結果時，請按下**分析**頁次中的**重新整理**鈕。請注意！與新增清單資料並反應計算結果的操作方法不相同。

Unit 18

反應變更原始資料後的計算結果

在樞紐分析表的原始資料修正資料後,修正後的結果並不會反應在樞紐分析表中。此例我們將在任一分店中修改咖啡的銷售數量,這個變更並不會反應在樞紐分析表。

在樞紐分析表的原始資料中修改內容後,樞紐分析表中,需要再另外執行更新的操作。只要按下**分析**頁次中的**重新整理**鈕,就能瞬間將正確的內容顯示在樞紐分析表。請先確認更新前的數值後,再執行更新動作,以確保資料已被更新。

Before

	A	B	C	D	E	F
1						
2						
3	加總 - 金額	欄標籤				
4	列標籤	台中店	信義店	高雄店	總計	
5	元氣熱狗中餐組	585,150	589,500	490,200	1,664,850	
6	咖啡	90,300	90,650	76,580	257,530	
7	活力熱狗早餐組	45,360	46,080	37,280	128,720	
8	紅茶	43,820	44,380	37,590	125,790	
9	香草冰淇淋	59,040	59,310	48,420	166,770	
10	起士蛋糕	67,680	66,840	56,040	190,560	
11	魚排堡	33,210	33,840		67,050	
12	漢堡	41,925	42,300	35,025	119,250	
13	綜合水果汁	18,180	18,810	14,940	51,930	
14	綜合蔬果汁		34,110	27,990	62,100	
15	辣醬熱狗	24,440	24,830	20,410	69,680	
16	熱狗	51,205	51,150	42,295	144,650	
17	總計	1,060,310	1,101,800	886,770	3,048,880	
18						

變更了樞紐分析表的原始資料清單。但僅更新原始資料清單,並無法將更新後的結果反應在樞紐分析表中

After

	A	B	C	D	E	F
1						
2						
3	加總 - 金額	欄標籤				
4	列標籤	台中店	信義店	高雄店	總計	
5	元氣熱狗中餐組	585,150	589,500	490,200	1,664,850	
6	咖啡	90,300	90,720	76,580	257,600	
7	活力熱狗早餐組	45,360	46,080	37,280	128,720	
8	紅茶	43,820	44,380	37,590	125,790	
9	香草冰淇淋	59,040	59,310	48,420	166,770	
10	起士蛋糕	67,680	66,840	56,040	190,560	
11	魚排堡	33,210	33,840		67,050	
12	漢堡	41,925	42,300	35,025	119,250	
13	綜合水果汁	18,180	18,810	14,940	51,930	
14	綜合蔬果汁		34,110	27,990	62,100	
15	辣醬熱狗	24,440	24,830	20,410	69,680	
16	熱狗	51,205	51,150	42,295	144,650	
17	總計	1,060,310	1,101,870	886,770	3,048,950	
18						

更新樞紐分析表的資料後,會反應出資料變更後的計算結果。這裡將追加 1 杯咖啡的金額

① 反應修改後的資料

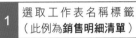

1 選取工作表名稱標籤（此例為**銷售明細清單**）

2 將清單中儲存格 H2（**信義店**的**咖啡**銷售數量）的數值從 2 修改成 3

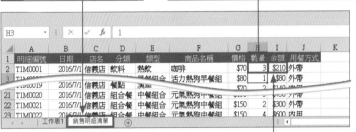

3 儲存格 I2 的數值會從 \$140 變更成 \$210（增加 \$70）

4 選取工作表頁次標籤（此例為**工作表 1**）

5 在樞紐分析表中未反應修改過資料

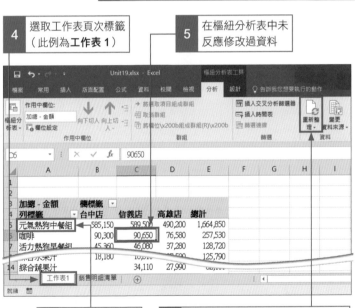

6 選取樞紐分析表內任一儲存格

7 切換到**分析**頁次（Excel 2010 為**選項**頁次）中**重新整理**鈕的上半部

8 修改後的資料內容反應在樞紐分析表中了。此例**信義店**的**咖啡**合計結果從 90,650 變更成 90,720（增加 \$70）

Unit 19

將樞紐分析表還原成空白

將配置在樞紐分析表的**所有欄位刪除**後，就能還原成**空白**的樞紐分析表。比起用手動將欄位一個一個刪除容易許多，利用簡單的操作，就能一次刪除哦！

① 將樞紐分析表還原成空白

1 選取樞紐分析表內任一儲存格

2 切換到**分析**頁次（Excel 2010 為**選項**頁次）

3 按下**動作**鈕

4 選擇**清除**後，再選擇**全部清除**

5 樞紐分析表還原到空白的樣式了

Hint

刪除樞紐分析表

想要完整刪除整個樞紐分析表時，請先選取樞紐分析表內任一儲存格，然後切換到**分析**頁次（Excel 2010 為**選項**頁次）按下**動作**鈕，按下**選取**後選擇**整個樞紐分析表**，接著再按下 Delete 鍵。

第 **3** 章

資料的合計、排序

整合日期後計算

在樞紐分析表中配置日期欄位後，可以再變更日期的單位。這裡，我們將把以日為單位的計算表，整合成以月為單位、年為單位、季為單位、週為單位後，重新計算。

在樞紐分析表中，配置在**欄**或**列**的欄位，可以整合群組化後，再進行計算。日期資料可以依照**秒、分、小時、日、月、季、年**的單位整合，因這裡的資料清單是以**日**為單位，所以可以變更成以**月**為單位或以**年**為單位的計算表。

Before

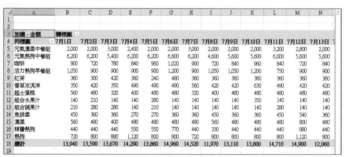

列標籤	7月1日	7月2日	7月3日	7月4日	7月5日	7月6日	7月7日	7月8日	7月9日	7月10日	7月11日	7月12日	7月13日
元氣漢堡中餐組	2,000	2,000	3,000	2,400	2,000	2,000	3,000	2,000	2,000	2,000	3,200	2,800	2,000
元氣熱狗中餐組	6,200	6,200	5,400	6,200	6,200	6,600	6,200	4,600	5,600	5,600	6,000	5,600	5,600
咖啡	900	720	780	840	960	1,020	900	720	840	960	840	720	840
活力熱狗早餐組	1,050	900	900	900	900	1,020	900	1,050	1,050	1,200	750	900	900
紅茶	360	300	420	360	240	480	360	360	360	360	360	360	360
香草冰淇淋	350	420	350	490	490	490	560	420	420	630	490	420	420
起士蛋糕	560	480	320	400	480	480	320	400	480	480	480	480	480
組合水果汁	140	210	140	140	280	140	140	140	140	350	140	140	140
組合蔬果汁	210	280	280	140	210	140	140	140	140	140	280	140	140
魚排堡	450	360	360	270	270	360	360	450	360	360	450	540	360
漢堡	560	480	400	480	480	480	480	560	480	480	480	800	480
辣醬熱狗	440	440	440	550	550	770	440	330	440	440	440	880	440
熱狗	720	800	880	1,120	800	800	720	800	800	800	800	1,120	800
總計	13,940	13,590	13,670	14,290	13,860	14,960	14,520	11,970	13,110	13,800	14,710	14,900	12,960

每日各商品的銷售金額合計表。原始資料清單以**日**為單位輸入，因此在欄區域配置的日期也會以**日**為單位顯示

After

列標籤	7月	8月	9月	10月	11月	12月	2016年 合計	總計
元氣漢堡中餐組	75,800	120,000	106,600	128,200	125,800	120,800	677,200	677,200
元氣熱狗中餐組	186,200	267,600	242,200	271,800	284,800	290,000	1,542,600	1,542,600
咖啡	24,840	38,220	36,720	41,100	38,400	41,460	220,740	220,740
活力熱狗早餐組	28,800	43,500	41,400	43,200	41,550	42,900	241,350	241,350
紅茶	11,520	17,460	19,020	20,520	18,660	20,640	107,820	107,820
香草冰淇淋	16,380	30,800	19,810	21,980	21,070	19,670	129,710	129,710
起士蛋糕	14,960	22,400	22,640	22,480	22,080	22,480	127,040	127,040
組合水果汁	4,760	7,700	6,720	7,560	6,720	6,930	40,390	40,390
組合蔬果汁	5,040	9,170	8,400	8,750	8,330	8,610	48,300	48,300
魚排堡	11,430	11,430	10,710	11,160	10,800	11,520	67,050	67,050
漢堡	15,600	23,200	21,680	22,400	21,760	22,560	127,200	127,200
辣醬熱狗	14,520	21,230	19,690	21,450	19,800	21,230	117,920	117,920
熱狗	25,440	37,200	35,840	37,280	36,960	37,680	210,400	210,400
總計	435,290	649,910	591,430	657,880	656,730	666,480	3,657,720	3,657,720

將日期群組化後，變更成以**月**為單位的計算表

① 以「月」為單位群組化

1 選取顯示日期的儲存格　　**2** 切換至**分析**頁次（Excel 2010 為**選項**頁次）

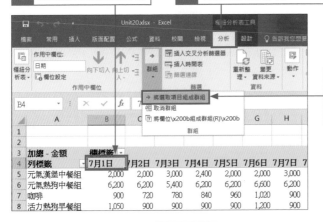

3 按下**群組**鈕後，選擇**將選取項目組成群組**

4 選擇**月**　　**5** 選擇**年**

	A	B	C	D	E
1					
2					
3	加總 - 金額	欄標籤			
4		⊟2016年			
5	列標籤	7月	8月	9月	10月
6	元氣漢堡中餐組	75,800	120,000	106,600	128,200
7	元氣熱狗中餐組	186,200	267,600	242,200	271,800
8	咖啡	24,840	38,220	36,720	41,100
9	活力熱狗早餐組	28,800	43,500	41,400	43,200
10	紅茶	11,520	17,460	19,020	20,520
11	香草冰淇淋	16,380	30,800	19,810	21,980
12	起士蛋糕	14,960	22,400	22,640	22,480
13	組合水果汁	4,760	7,700	6,720	7,560
14	組合蔬果汁	5,040	9,170	8,400	8,750
15	魚排堡	11,430	11,430	10,710	11,160
16	漢堡	15,600	23,200	21,680	22,400
17	辣醬熱狗	14,520	21,230	19,690	21,450
18	熱狗	25,440	37,200	35,840	37,280
19	總計	435,290	649,910	591,430	657,880
20					

6 按下**確定**鈕

7 顯示以**年**、**月**為單位的金額合計結果

只以「月」為單位計算

將日期群組化時，也可以不要指定**年**，僅以**月**為單位，將資料群組化。但在這樣的情況下，當不同年的資料混合在一起時，不同年相同月份的資料會被整合在一起計算。

② 以「季」為單位群組化

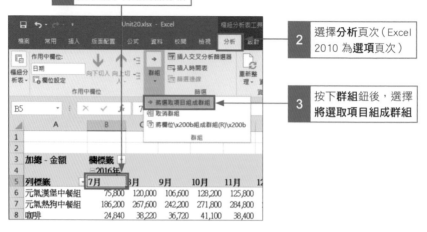

1 選取顯示日期的儲存格

2 選擇**分析**頁次（Excel 2010 為**選項**頁次）

3 按下**群組**鈕後，選擇**將選取項目組成群組**

4 在**月**上按一下將其取消

5 選擇**季**

6 按下**確定**鈕

A	B	C	D	E
3 加總 - 金額	**欄標籤**			
4	□2016年		2016年 合計	總計
5 **列標籤**	**第三季**	**第四季**		
6 元氣漢堡中餐組	302,400	374,800	677,200	677,200
7 元氣熱狗中餐組	696,000	846,600	1,542,600	1,542,600
8 咖啡	99,780	120,960	220,740	220,740
9 活力熱狗早餐組	113,700	127,650	241,350	241,350
10 紅茶	48,000	59,820	107,820	107,820
11 香草冰淇淋	66,990	62,720	129,710	129,710
12 起士蛋糕	60,000	67,040	127,040	127,040
13 組合水果汁	19,180	21,210	40,390	40,390
14 組合蔬果汁	22,610	25,690	48,300	48,300
15 魚排堡	33,570	33,480	67,050	67,050
16 漢堡	60,480	66,720	127,200	127,200
17 辣醬熱狗	55,440	62,480	117,920	117,920
18 熱狗	98,480	111,920	210,400	210,400
19 總計	1,676,630	1,981,090	3,657,720	3,657,720
20				

7 顯示以**年**、**季**為單位的金額合計結果

Hint

解除群組化

想要還原日期的群組化項目時，先選擇輸入日期項目的儲存格，然後依序選擇**分析**頁次（Excel 2010 為**選項**頁次）→**群組**鈕→**取消群組**。

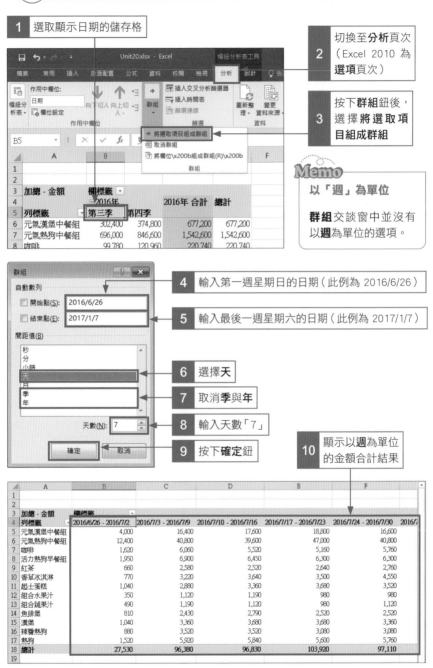

③ 以「週」為單位群組化

1 選取顯示日期的儲存格

2 切換至**分析**頁次（Excel 2010 為**選項**頁次）

3 按下**群組**鈕後，選擇**將選取項目組成群組**

Memo

以「週」為單位

群組交談窗中並沒有以**週**為單位的選項。

4 輸入第一週星期日的日期（此例為 2016/6/26）

5 輸入最後一週星期六的日期（此例為 2017/1/7）

6 選擇**天**

7 取消**季**與**年**

8 輸入天數「7」

9 按下**確定**鈕

10 顯示以**週**為單位的金額合計結果

Unit **21**

計算同種類商品的合計結果

除了讓日期資料以群組化顯示外，還可以將**文字資料群組化**。這裡將把商品名稱分成 3 個群組後再進行計算。

所謂的群組化，是指將相關聯的資料整合後計算。此例將透過群組功能，將商品名稱分成 3 個群組後計算。使用群組化功能的話，即使沒有顯示原始資料清單中商品名稱的分類欄位，仍可以依照需求自行建立分類後再計算出合計結果。

Before

在列區域中配置**商品名稱**後，計算各商品的銷售金額。此例想計算出與**分類**欄位完全不同的分類合計

After

建立**餐點、飲料甜點、套餐** 3 種類型後計算

① 將多個商品群組化

此例將商品名稱分成 3 種類型

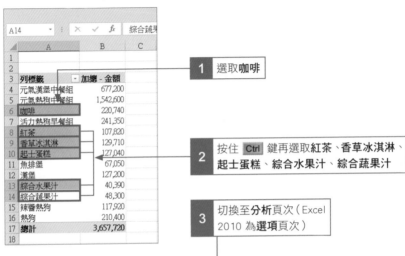

1 選取**咖啡**

2 按住 Ctrl 鍵再選取**紅茶、香草冰淇淋、 起士蛋糕、綜合水果汁、綜合蔬果汁**

3 切換至**分析**頁次（Excel 2010 為**選項**頁次）

4 按下**群組**鈕後，選擇 **將選取項目組成群組**

5 選擇的項目被整合在同一個群組 中，以暫定的**資料組 1** 名稱顯示

第 **3** 章　資料的合計、排序

3-7

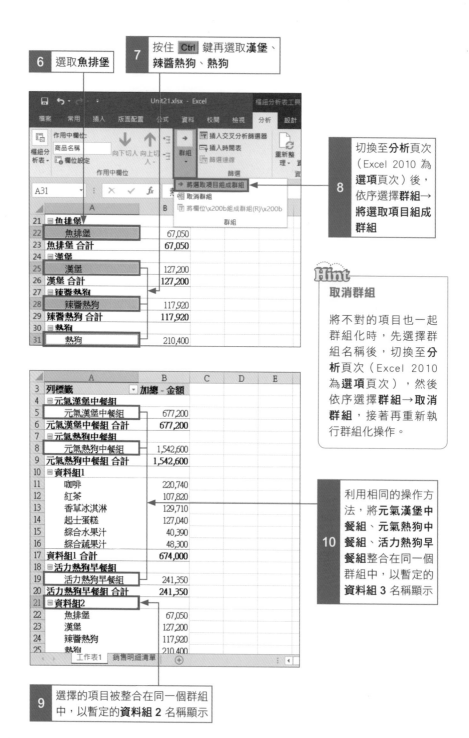

6 選取**魚排堡**

7 按住 Ctrl 鍵再選取**漢堡**、**辣醬熱狗**、**熱狗**

8 切換至**分析**頁次（Excel 2010 為**選項**頁次）後，依序選擇**群組**→**將選取項目組成群組**

Hint
取消群組

將不對的項目也一起群組化時，先選擇群組名稱後，切換至**分析**頁次（Excel 2010 為**選項**頁次），然後依序選擇**群組**→**取消群組**，接著再重新執行群組化操作。

10 利用相同的操作方法，將**元氣漢堡中餐組**、**元氣熱狗中餐組**、**活力熱狗早餐組**整合在同一個群組中，以暫定的**資料組 3** 名稱顯示

9 選擇的項目被整合在同一個群組中，以暫定的**資料組 2** 名稱顯示

此例要將 3 個群組名稱變更成**套餐**、**飲料甜點**、**餐點**

	A	B	C
1			
2			
3	列標籤　　　　　　▼	加總 - 金額	
4	⊟ 資料組3		
5	元氣漢堡中餐組	677,200	
6	元氣熱狗中餐組	1,542,600	
7	活力熱狗早餐組	241,350	
8	資料組3 合計	2,461,150	
9	⊟ 資料組1		
10	咖啡	220,740	
11	紅茶	107,820	
12	香草冰淇淋	129,710	
13	起士蛋糕	127,040	
14	綜合水果汁	40,390	
15	綜合蔬果汁	48,300	
16	資料組1 合計	674,000	
17	⊟ 資料組2		
18	魚排堡	67,050	
19	漢堡	127,200	
20	辣醬熱狗	117,920	
21	熱狗	210,400	
22	資料組2 合計	522,570	
23	總計	3,657,720	

工作表1　銷售明細清單

1 選擇群組名稱的儲存格（此例為**資料組 3**）

2 輸入「套餐」

	A	B	C
1			
2			
3	列標籤　　　　　　▼	加總 - 金額	
4	⊟ 套餐		
5	元氣漢堡中餐組	677,200	
6	元氣熱狗中餐組	1,542,600	
7	活力熱狗早餐組	241,350	
8	套餐 合計	2,461,150	
9	⊟ 資料組1		
10	咖啡	220,740	
11	紅茶	107,820	
12	香草冰淇淋	129,710	
13	起士蛋糕	127,040	
14	綜合水果汁	40,390	
15	綜合蔬果汁	48,300	
16	資料組1 合計	674,000	
17	⊟ 資料組2		
18	魚排堡	67,050	
19	漢堡	127,200	
20	辣醬熱狗	117,920	
21	熱狗	210,400	
22	資料組2 合計	522,570	
23	總計	3,657,720	

工作表1　銷售明細清單

	A	B	C
2			
3	列標籤　　　　　　▼	加總 - 金額	
4	⊟ 套餐		
5	元氣漢堡中餐組	677,200	
6	元氣熱狗中餐組	1,542,600	
7	活力熱狗早餐組	241,350	
8	套餐 合計	2,461,150	
9	⊟ 飲料甜點		
10	咖啡	220,740	
11	紅茶	107,820	
12	香草冰淇淋	129,710	
13	起士蛋糕	127,040	
14	綜合水果汁	40,390	
15	綜合蔬果汁	48,300	
16	飲料甜點 合計	674,000	
17	⊟ 餐點		
18	魚排堡	67,050	
19	漢堡	127,200	
20	辣醬熱狗	117,920	
21	熱狗	210,400	
22	餐點 合計	522,570	
23	總計	3,657,720	
24			

工作表1　銷售明細清單

3 利用相同的操作方法，將**資料組 1** 的名稱變更成「**飲料甜點**」，**資料組 2** 的名稱變更成「**餐點**」

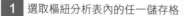

3 顯示各群組的加總結果

建立群組後各群組下方會自動顯示加總，但如果您的畫面中沒有自動顯示加總，可依底下的操作，顯示加總數值。

此例將個別顯示新建立 3 個群組的加總結果

1 選取樞紐分析表內的任一儲存格

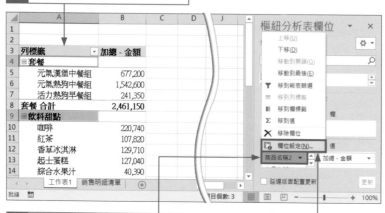

2 按下**樞紐分析表欄位**工作窗格**列**區域（Excel 2010 為**列標籤**區域）中的**商品名稱 2**

3 選擇**欄位設定**

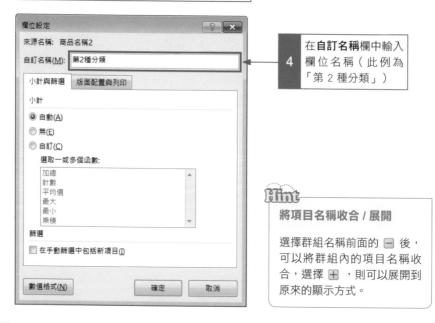

4 在**自訂名稱**欄中輸入欄位名稱（此例為「第 2 種分類」）

Hint

將項目名稱收合 / 展開

選擇群組名稱前面的 ⊟ 後，可以將群組內的項目名稱收合，選擇 ⊞ ，則可以展開到原來的顯示方式。

5 選擇**自動**

6 按下**確定**鈕

7 會顯示 3 個群組的加總結果

	A	B	C
2			
3	列標籤 ▼	加總 - 金額	
4	□套餐		
5	元氣漢堡中餐組	677,200	
6	元氣熱狗中餐組	1,542,600	
7	活力熱狗早餐組	241,350	
8	**套餐 合計**	2,461,150	
9	□飲料甜點		
10	咖啡	220,740	
11	紅茶	107,820	
12	香草冰淇淋	129,710	
13	起士蛋糕	127,040	
14	綜合水果汁	40,390	
15	綜合蔬果汁	48,300	
16	**飲料甜點 合計**	674,000	
17	□餐點		
18	魚排堡	67,050	
19	漢堡	127,200	
20	辣醬熱狗	117,920	
21	熱狗	210,400	
22	**餐點 合計**	522,570	
23	**總計**	3,657,720	
24			

工作表1 / 銷售明細清單

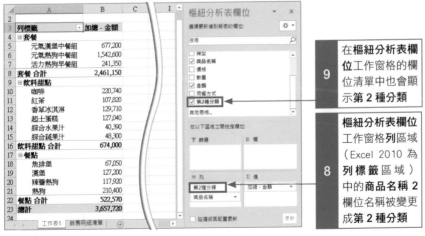

9 在**樞紐分析表欄位**工作窗格的欄位清單中也會顯示**第 2 種分類**

8 **樞紐分析表欄位**工作窗格列區域（Excel 2010 為**列標籤**區域）中的商品名稱 2 欄位名稱被變更成**第 2 種分類**

計算價格範圍內商品
的合計結果

將數值資料群組化後，可以計算出某個價格範圍中商品的銷售金額。此例將把商品價格以 50 元、100 元的方式群組化，計算出各自的銷售數量。

與在 Unit 20 中將日期資料群組化、在 Unit 21 中將文字資料群組化相同，也可以將數值資料群組化。將數值資料群組化時，要指定**開始點**、**結束點**及**間距值**，以整合指定的間隔資料，如相隔 10 或 100。

Before

	A	B	C
1			
2			
3	**列標籤** ▾	**加總 - 數量**	
4	$60	5,476	
5	$70	3,120	
6	$80	5,808	
7	$90	745	
8	$110	1,072	
9	$150	1,609	
10	$200	11,099	
11	**總計**	28,929	
12			

在**列**區域中配置**價格**，在**值**區域中配置**數量**，計算出各價格的銷售數量合計

After

	A	B	C
1			
2			
3	**列標籤** ▾	**加總 - 數量**	
4	50-99	15,149	
5	100-149	1,072	
6	150-200	12,708	
7	**總計**	28,929	
8			

價格以 50 元為間隔群組化後，在相同價格範圍的銷售數量會一起加總

1 計算相同價格區間內商品的加總

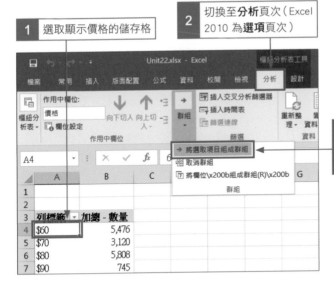

1 選取顯示價格的儲存格

2 切換至**分析**頁次（Excel 2010 為**選項**頁次）

3 按下**群組**鈕後，選擇**將選取項目組成群組**

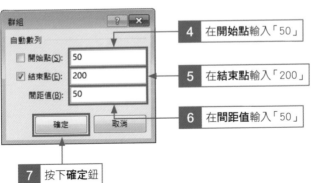

4 在**開始點**輸入「50」

5 在**結束點**輸入「200」

6 在**間距值**輸入「50」

7 按下**確定**鈕

8 價格以 50 元為單位群組化

	A	B	C
1			
2			
3	列標籤	加總 - 數量	
4	50-99	15,149	
5	100-149	1,072	
6	150-200	12,708	
7	總計	28,929	
8			

Memo

指定間距值

此例為了計算出 50 元、100 元...200 元為基準的加總，因此將**開始點**指定為「50」，將**結束點**指定為「200」，在**間距值**輸入「50」，則可以指定每間隔 50 元就將資料群組化。

依銷售金額排序

將樞紐分析表的加總結果排序後，可以知道何者是暢銷商品。此例將把各分類的銷售金額由大到小方式排序，且各分類中的商品也會依照銷售金額由大到小方式排序。

資料排序的條件有「升冪」及「降冪」2 種。此例先將分類顯示的合計值以降冪方式排序，然後再將商品顯示的合計值以降冪方式排序。如此一來，就能看出分類的暢銷順序及分類中的暢銷商品。

Before

	A	B	C
3	列標籤 ▼	加總 - 金額	
4	⊟套餐		
5	元氣漢堡中餐組	677,200	
6	元氣熱狗中餐組	1,542,600	
7	活力熱狗早餐組	241,350	
8	套餐 合計	2,461,150	
9	⊟飲料		
10	咖啡	220,740	
11	紅茶	107,820	
12	綜合水果汁	40,390	
13	綜合蔬果汁	48,300	
14	飲料 合計	417,250	
15	⊟甜點		
16	香草冰淇淋	129,710	
17	起士蛋糕	127,040	
18	甜點 合計	256,750	
19	⊟餐點		
20	魚排堡	67,050	
21	漢堡	127,200	
22	辣醬熱狗	117,920	
23	熱狗	210,400	
24	餐點 合計	522,570	
25	總計	3,657,720	

工作表1　銷售明細清單　⊕

計算出各分類的銷售金額後，無法立即了解哪個是最暢銷的分類

After

	A	B	C
3	列標籤 ↓	加總 - 金額	
4	⊟套餐		
5	元氣熱狗中餐組	1,542,600	
6	元氣漢堡中餐組	677,200	
7	活力熱狗早餐組	241,350	
8	套餐 合計	2,461,150	
9	⊟餐點		
10	熱狗	210,400	
11	漢堡	127,200	
12	辣醬熱狗	117,920	
13	魚排堡	67,050	
14	餐點 合計	522,570	
15	⊟飲料		
16	咖啡	220,740	
17	紅茶	107,820	
18	綜合蔬果汁	48,300	
19	綜合水果汁	40,390	
20	飲料 合計	417,250	
21	⊟甜點		
22	香草冰淇淋	129,710	
23	起士蛋糕	127,040	
24	甜點 合計	256,750	
25	總計	3,657,720	

工作表1　銷售明細清單　⊕

將各分類的銷售金額由大到小排列後，可以知道套餐商品的銷售額遠超過其他商品，而且將分類中的商品銷售額由大到小排列，還能了解在各分類中的暢銷品項

① 將分類資料降冪排序

此例將把分類資料的銷售金額，以由大到小方式排序

	A	B
3	列標籤	加總 - 金額
4	⊟套餐	
5	元氣漢堡中餐組	677,200
6	元氣熱狗中餐組	1,542,600
7	活力熱狗早餐組	241,350
8	套餐 合計	2,461,150
9	⊟飲料	
10	咖啡	220,740
11	紅茶	107,820
12	綜合水果汁	40,390
13	綜合蔬果汁	48,300
14	飲料 合計	417,250
15	⊟甜點	
16	香草冰淇淋	129,710
17	起士蛋糕	127,040
18	甜點 合計	256,750
19	⊟餐點	
20	魚排堡	67,050
21	漢堡	127,200
22	辣醬熱狗	117,920
23	熱狗	210,400
24	餐點 合計	522,570
25	總計	3,657,720

1 選取顯示分類加總結果的儲存格

Hint

排序的順序

升冪是指將資料由小到大排序，降冪則是將資料由大到小排序。

2 切換至**資料**頁次

3 按下**從最大到最小排序**鈕

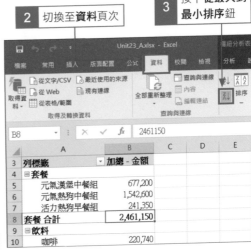

4 資料就會依照各分類的銷售金額由大到小排序

	A	B
3	列標籤	加總 - 金額
4	⊟套餐	
5	元氣漢堡中餐組	677,200
6	元氣熱狗中餐組	1,542,600
7	活力熱狗早餐組	241,350
8	套餐 合計	2,461,150
9	⊟餐點	
10	魚排堡	67,050
11	漢堡	127,200
12	辣醬熱狗	117,920
13	熱狗	210,400
14	餐點 合計	522,570
15	⊟飲料	
16	咖啡	220,740
17	紅茶	107,820
18	綜合水果汁	40,390
19	綜合蔬果汁	48,300
20	飲料 合計	417,250
21	⊟甜點	
22	香草冰淇淋	129,710
23	起士蛋糕	127,040
24	甜點 合計	256,750
25	總計	3,657,720

工作表1　銷售明細清單

Hint

排序

資料排序時，可以從**常用**頁次中的**排序與篩選**鈕執行。在 Excel 2010 的版本中，選取樞紐分析表中的儲存格後，從**選項**頁次的**排序**鈕，也能執行排序。

將分類內的項目進行排序

此例將把分類內項目的銷售金額由大到小排序

1 選取分類內商品名稱合計結果的儲存格

2 切換到**資料**頁次

3 按下**從最大到最小排序**鈕

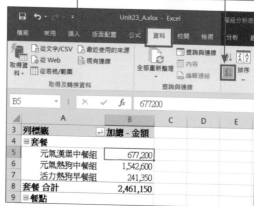

4 各分類內的商品會依銷售金額由大到小排序

Hint

按下滑鼠右鍵排序

除了以上的操作外,也可以在顯示加總結果的儲存格上按一下滑鼠右鍵,然後從出現的選單中選擇**排序**後,設定排序方式。

3 以欄為單位，將資料以橫向方式排序

先開啟想要以欄為單位，將資料以橫向方式排序的工作表

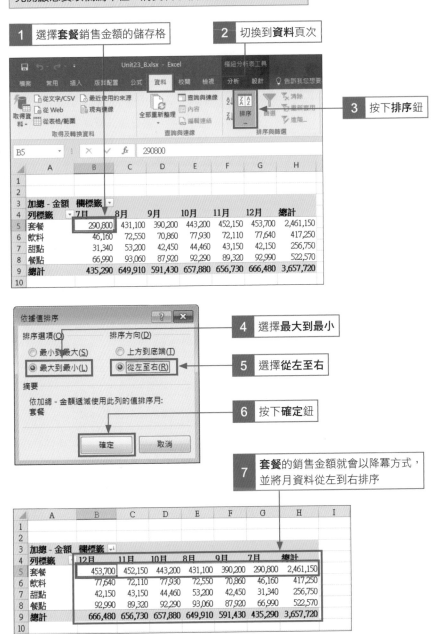

1 選擇**套餐**銷售金額的儲存格

2 切換到**資料**頁次

3 按下**排序**鈕

4 選擇**最大到最小**

5 選擇**從左至右**

6 按下**確定**鈕

7 **套餐**的銷售金額就會以降冪方式，並將月資料從左到右排序

利用自訂規則排序商品

除了升冪、降冪方式外，還可以利用自訂的順序，將計算結果排序。此例將利用在其他工作表中輸入完成的自訂順序，重新排序「商品名稱」。

透過自訂順序將樞紐分析表的計算結果進行排序時，要在自訂清單中新增排序的順序。有固定顯示順序的資料時，如商品名稱、店名、負責人員等，皆可以事先新增，之後只要指定已新增的順序，就能排序資料了。

Before

	A	B	C
1			
2			
3	列標籤	加總 - 金額	
4	元氣漢堡中餐組	677,200	
5	元氣熱狗中餐組	1,542,600	
6	咖啡	220,740	
7	活力熱狗早餐組	241,350	
8	紅茶	107,820	
9	香草冰淇淋	129,710	
10	起士蛋糕	127,040	
11	魚排堡	67,050	
12	漢堡	127,200	
13	綜合水果汁	40,390	
14	綜合蔬果汁	48,300	
15	辣醬熱狗	117,920	
16	熱狗	210,400	
17	總計	3,657,720	
18			

已完成各商品名稱銷售金額的計算結果，但商品名稱沒有依照公司內部規定的順序排列

After

	A	B	C
1			
2			
3	列標籤	加總 - 金額	
4	咖啡	220,740	
5	紅茶	107,820	
6	綜合水果汁	40,390	
7	綜合蔬果汁	48,300	
8	起士蛋糕	127,040	
9	香草冰淇淋	129,710	
10	熱狗	210,400	
11	辣醬熱狗	117,920	
12	漢堡	127,200	
13	魚排堡	67,050	
14	活力熱狗早餐組	241,350	
15	元氣熱狗中餐組	1,542,600	
16	元氣漢堡中餐組	677,200	
17	總計	3,657,720	
18			

商品名稱依新增的清單順序排序了

① 開啟自訂排序的設定畫面

1 選擇**檔案**頁次

2 按下**選項**

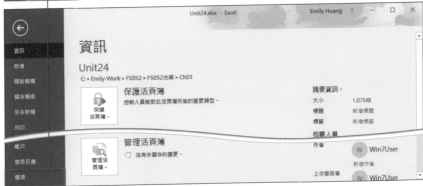

3 選擇**進階**　　**5** 按下**編輯自訂清單**鈕　　**4** 拉曳捲軸以顯示下方內容

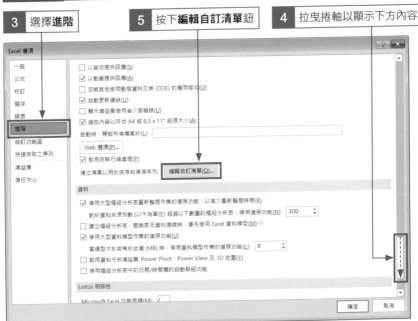

第 **3** 章　資料的合計、排序

② 登錄項目的順序

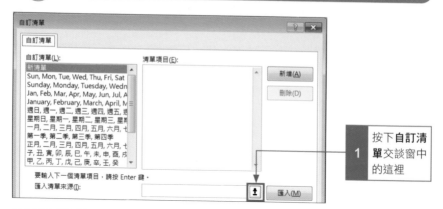

1 按下**自訂清單**交談窗中的這裡

---

3 以拉曳方式選擇已輸入的商品名稱順序

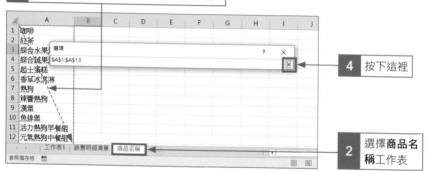

4 按下這裡

2 選擇**商品名稱**工作表

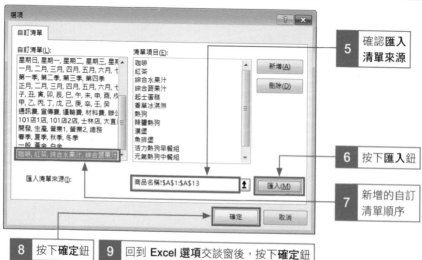

5 確認**匯入清單來源**

6 按下**匯入**鈕

7 新增的自訂清單順序

8 按下**確定**鈕

9 回到 Excel **選項**交談窗後,按下**確定**鈕

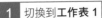

③ 利用自訂的順序排序

1 切換到**工作表 1**

2 選取樞紐分析表中輸入商品名稱的儲存格

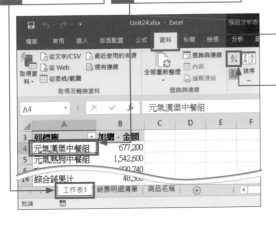

3 選擇**資料**頁次

4 按下**從 A 到 Z 排序**鈕

5 **商品名稱**依照新增在自訂清單中的順序排序了

Hint

刪除新增的清單

要刪除新增的自訂清單時，請先選擇**自訂清單**交談窗左邊的清單後，按下**刪除**鈕。

Hint

確認是否依自訂清單排序

在樞紐分析表中，預設的情況下會優先使用自訂清單將資料排序。因此，按下**從 A 到 Z 排序**鈕後，就會以自訂的順序排序。如果未依清單排序，請切換到**樞紐分析表 / 分析**頁次 (Excel 2010 為**選項** 頁次)，按下最左側**樞紐分析表**鈕再按下**選項**鈕，開啟**樞紐分析表選項**交談窗，切換到**總計與篩選**頁次，確認是否已勾選**排序時，使用自訂清單**選項。

Unit **25**

以拉曳方式排序項目名稱

樞紐分析表中的項目名稱,可以透過拉曳方式將資料排序。此例將把配置在列區域中的店名,用拉曳方式依「台北店」、「台中店」、「高雄店」順序排序。

1 以拉曳方式排序項目名稱

此例將把**台北店**移動到**台中店**的上方

	A	B	C
1			
2			
3	列標籤 ▾	加總 - 金額	
4	台中店	1,279,160	
5	台北店	1,315,370	
6	高雄店	1,063,190	
7	**總計**	3,657,720	
8			

1 選取**台北店**的儲存格

2 將滑鼠移動到儲存格的外框上,指標會呈

	A	B	C
1			
2			
3	**列標籤** ▾	**加總 - 金額**	
4	台中店	1,279,160	
5	台北店	1,315,370	
6	高雄店	1,063,190	
7	**總計**	3,657,720	
8			

3 拉曳到目的地**台中店**上方,會以粗綠線表示

	A	B	C
1			
2			
3	**列標籤** ▾	**加總 - 金額**	
4	台北店	1,315,370	
5	台中店	1,279,160	
6	高雄店	1,063,190	
7	**總計**	3,657,720	
8			

4 變更店名的排列順序了

Hint

「欄」項目的排序

要變更**欄**區域配置項目的順序時,請在步驟 **3** 中,將項目往橫向拉曳即可。

第 **4** 章

篩選資料

Unit **26**

在樞紐分析表中篩選出
想要的資料

挑選出符合條件的資料就稱為**篩選**。這裡將從各個分類與分店的計算表中,透過篩選功能,找出特定分店的分類資料。

要從樞紐分析表的計算結果中篩選出特定的資料時,要使用配置在**列**區域或**欄**區域中欄位名稱旁邊的**篩選**鈕 ▾ 。按下**篩選**鈕後,從顯示分類或分店的清單中,勾選想要顯示的項目。

Before

◢	A	B	C	D	E	F
1						
2						
3	加總 - 金額	欄標籤 ▾				
4	列標籤 ▾	台中店	台北店	高雄店	總計	
5	甜點	91,040	90,690	75,020	256,750	
6	組合餐	865,250	872,400	723,500	2,461,150	
7	飲料	129,100	156,900	131,250	417,250	
8	餐點	193,770	195,380	133,420	522,570	
9	總計	1,279,160	1,315,370	1,063,190	3,657,720	
10						

想要從分類及分店的計算表中,篩選出特定分類或分店的資料

After

◢	A	B	C	D
1				
2				
3	加總 - 金額	欄標籤 ▾		
4	列標籤 ▾	台北店	總計	
5	組合餐	872,400	872,400	
6	餐點	195,380	195,380	
7	總計	1,067,780	1,067,780	
8				
9				
10				

從分店的清單中篩選出**台北店**,從分類清單中篩選出**組合餐**、**餐點**

篩選出特定分店

此例將從分店清單中篩選出**台北店**的資料

1 按下**欄標籤**右邊的**篩選**鈕

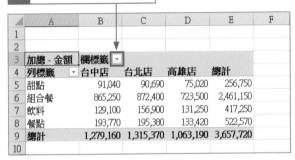

Memo

關於顯示的加總

設定了篩選的條件後，會自動顯示出篩選後資料項目的加總。是否顯示欄或列的加總結果，則可以參考 Unit 48 的操作來設定。

2 出現的選單　　**3** 取消勾選 (**全選**)

4 勾選**台北店**

5 按下**確定**鈕

6 只篩選出台北店的資料　　**7** 篩選過資料的**篩選**鈕，其顯示方式也會變得不一樣

Memo

快速選擇項目

在步驟 **2** 的畫面中，選擇(**全選**)後，可以一次選擇全部或取消所有項目。想要選擇部分資料的情況下，先將所有項目取消後，再點選想要選取的項目，會較有效率。

② 篩選出特定分類

此例將從分類清單中篩選出**組合餐**和**餐點**項目

1 按下**列標籤**右邊的**篩選**鈕

2 出現的選單

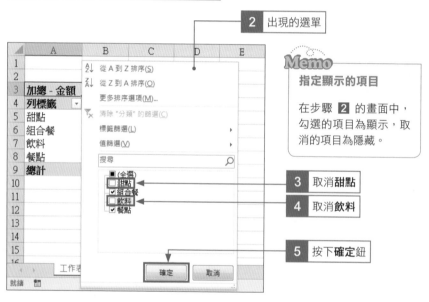

Memo

指定顯示的項目

在步驟 **2** 的畫面中，勾選的項目為顯示，取消的項目為隱藏。

3 取消**甜點**

4 取消**飲料**

5 按下**確定**鈕

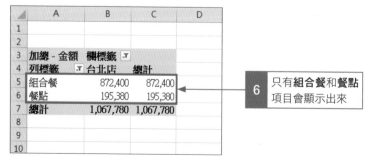

6 只有**組合餐**和**餐點**項目會顯示出來

③ 清除資料的篩選結果

此例將清除篩選的結果，顯示所有資料

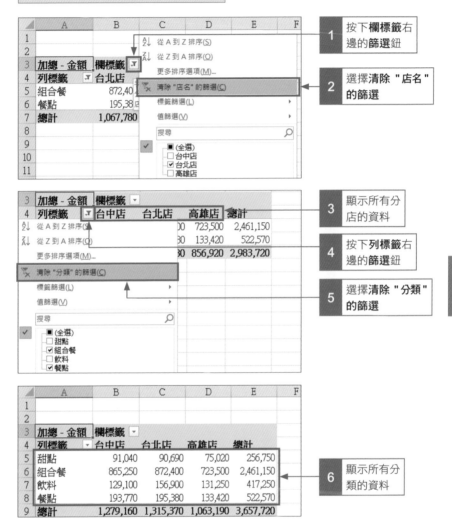

按下**欄標籤**右邊的**篩選**鈕　**1**

選擇清除 **" 店名 "** 的篩選　**2**

顯示所有分店的資料　**3**

按下**列標籤**右邊的**篩選**鈕　**4**

選擇清除 **" 分類 "** 的篩選　**5**

顯示所有分類的資料　**6**

第 **4** 章 篩選資料

Hint

一次清除所有的篩選條件

想要一次清除所有的篩選條件時，請選取樞紐分析表中的任一儲存格，然後切換到**分析**頁次（Excel 2010 為**選項**頁次）按下**動作**鈕選擇**清除**，再執行**清除篩選**命令。

篩選出包含關鍵字的資料

我們可以在指定關鍵字後，只加總符合條件的資料。此例將從各商品的合計金額中，篩選出包含「漢堡」2 字的商品。

透過**標籤篩選**功能可找出包含關鍵字的資料。選擇**標籤篩選**的**開始於**或**包含**等，就能在設定的條件下篩選出資料；若選擇**等於**，會篩選出與關鍵字完全相同的資料。

Before

	A	B	C
3	列標籤 ▼	加總 - 金額	
4	咖啡	220,740	
5	紅茶	107,820	
6	綜合水果汁	40,390	
7	綜合蔬果汁	48,300	
8	起士蛋糕	127,040	
9	香草冰淇淋	129,710	
10	熱狗	210,400	
11	辣醬熱狗	117,920	
12	漢堡	127,200	
13	魚排堡	67,050	
14	活力熱狗早餐組	241,350	
15	元氣熱狗中餐組	1,542,600	
16	元氣漢堡中餐組	677,200	
17	總計	3,657,720	
18			

想要從各商品金額加總的樞紐分析表中，篩選出包含**漢堡** 2 字的商品

After

	A	B	C
1			
2			
3	列標籤 ▼	加總 - 金額	
4	漢堡	127,200	
5	元氣漢堡中餐組	677,200	
6	總計	804,400	
7			

篩選出**包含**○○ 的條件時，可以只篩選出包含**漢堡** 2 字的商品

篩選出包含指定文字的資料

此例將篩選出商品名稱中包含**漢堡** 2 字的商品

1 按下**列標籤**右邊的**篩選**鈕

2 將滑鼠指標移至**標籤篩選**

3 選擇**包含**

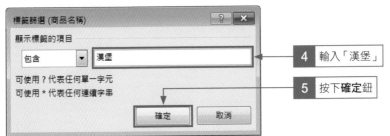

4 輸入「**漢堡**」

5 按下**確定**鈕

6 只篩選出包含**漢堡** 2 字的商品名稱

Hint

解除篩選

想要解除篩選條件時，先按下**列標籤**右邊的 ▼ 鈕，然後選擇**清除 "商品名稱" 的篩選**。

篩選出銷售金額的前 5 名

我們可以從樞紐分析表中篩選出前 5 名或最後 5 名等。此例將從各商品合計金額的樞紐分析表中，篩選出銷售前 5 名的商品。

透過篩選選單中的**值篩選**，可以指定要篩選出最前或最後的幾個項目，例如前 5 名或最後 5 名，也可以用百分比來指定，例如最前面的 20% 或最後面的 20%。

Before

	A	B	C
1			
2			
3	列標籤 ▾	加總 - 金額	
4	咖啡	220,740	
5	紅茶	107,820	
6	綜合水果汁	40,390	
7	綜合蔬果汁	48,300	
8	起士蛋糕	127,040	
9	香草冰淇淋	129,710	
10	熱狗	210,400	
11	辣醬熱狗	117,920	
12	漢堡	127,200	
13	魚排堡	67,050	
14	活力熱狗早餐組	241,350	
15	元氣熱狗中餐組	1,542,600	
16	元氣漢堡中餐組	677,200	
17	總計	3,657,720	
18			

想要從各商品金額加總的樞紐分析表中，篩選出 5 個銷售金額最高的商品

After

	A	B	C
1			
2			
3	列標籤 ▾	加總 - 金額	
4	咖啡	220,740	
5	熱狗	210,400	
6	活力熱狗早餐組	241,350	
7	元氣熱狗中餐組	1,542,600	
8	元氣漢堡中餐組	677,200	
9	總計	2,892,290	
10			

指定**最前 5 個項目**的條件，表示要篩選出銷售金額在最前面的 5 個商品

① 篩選出最前面的 5 個項目

此例將篩選出銷售金額最高的 5 個商品

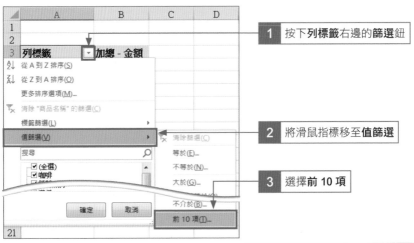

1 按下**列標籤**右邊的**篩選**鈕

2 將滑鼠指標移至**值篩選**

3 選擇**前 10 項**

4 指定**最前、5、項、加總 - 金額**

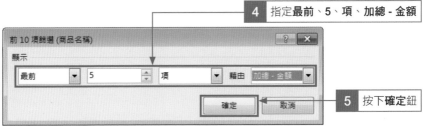

5 按下**確定**鈕

6 篩選出銷售金額最高的 5 項商品

Hint

顯示最後的項目

若要從最小值的順序中，篩選出最後的資料項目，請在步驟 **4** 的交談窗中按下**最前**右邊的 ▼ 鈕，然後選擇**最後**。

Hint

依百分比來顯示資料

例如想要指定最前面 5% 的資料項目時，請在步驟 **4** 的交談窗中，按下**項**右邊的 ▼ 鈕，然後選擇 **%**。

篩選出在指定金額以上的資料

指定數值的大小為條件後，將資料篩選出來。此例將從各商品合計金額的樞紐分析表中，篩選出銷售金額為 10 萬元以上的商品。

透過**值篩選**功能，可以設定條件數值的大小，選擇**值篩選**的**大於**後，就能篩選出大於條件值的資料，若選擇**等於**或**小於**、**介於**等條件，也能篩選出符合條件的資料。

Before

◢	A	B	C
1			
2			
3	列標籤 ▼	加總 - 金額	
4	咖啡	220,740	
5	紅茶	107,820	
6	綜合水果汁	40,390	
7	綜合蔬果汁	48,300	
8	起士蛋糕	127,040	
9	香草冰淇淋	129,710	
10	熱狗	210,400	
11	辣醬熱狗	117,920	
12	漢堡	127,200	
13	魚排堡	67,050	
14	活力熱狗早餐組	241,350	
15	元氣熱狗中餐組	1,542,600	
16	元氣漢堡中餐組	677,200	
17	總計	3,657,720	
18			

想要從各商品金額加總的樞紐分析表中，篩選出銷售金額的合計在 **10 萬元以上**的商品

After

◢	A	B	C
1			
2			
3	列標籤 ▼	加總 - 金額	
4	咖啡	220,740	
5	紅茶	107,820	
6	起士蛋糕	127,040	
7	香草冰淇淋	129,710	
8	熱狗	210,400	
9	辣醬熱狗	117,920	
10	漢堡	127,200	
11	活力熱狗早餐組	241,350	
12	元氣熱狗中餐組	1,542,600	
13	元氣漢堡中餐組	677,200	
14	總計	3,501,980	
15			

在 **10 萬元以上**的條件下，篩選出銷售金額合計大於 10 萬的商品

① 篩選出大於指定值的資料

此例將篩選出銷售金額加總大於 10 萬的商品

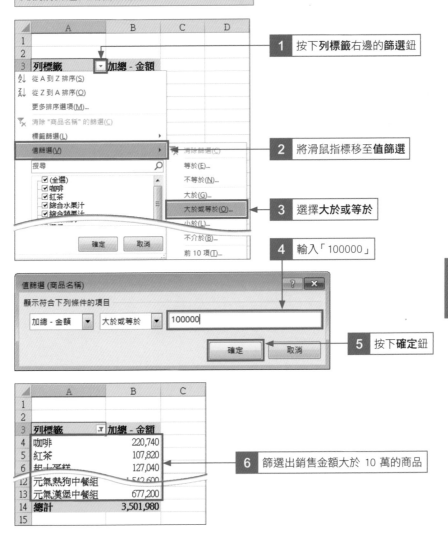

1 按下**列標籤**右邊的**篩選**鈕

2 將滑鼠指標移至**值篩選**

3 選擇**大於或等於**

4 輸入「100000」

5 按下**確定**鈕

6 篩選出銷售金額大於 10 萬的商品

Hint

指定值的範圍

要指定數值的範圍，如「10～15 之間」等，要在步驟 **3** 中選擇**介於**，然後在出現的**值篩選（商品名稱）**交談窗中，指定範圍的最小值及最大值。

在篩選的區域中再篩選出資料

在樞紐分析表欄位工作窗格中的「篩選」區域中配置欄位後,也可以篩選出資料。此例將在篩選區域中配置店名欄位。

篩選區域的欄位會顯示在樞紐分析表的上方,就像切換資料一樣,樞紐分析表中所顯示的資料為符合篩選條件的資料。若要從樞紐分析表的所有資料中篩選出部分資料時,例如:在**篩選**區域中配置**店名**,接著選擇**台北店**後,就能將樞紐分析表的所有資料切換成台北店的計算表。

Before

▲	A	B	C	D	E	F	G
1							
2							
3	加總 - 金額	欄標籤 ▼					
4	列標籤 ▼	甜點	組合餐	飲料	餐點	總計	
5	⊟2016年						
6	7月	31,340	290,800	46,160	66,990	435,290	
7	8月	53,200	431,100	72,550	93,060	649,910	
8	9月	42,450	390,200	70,860	87,920	591,430	
9	10月	44,460	443,200	77,930	92,290	657,880	
10	11月	43,150	452,150	72,110	89,320	656,730	
11	12月	42,150	453,700	77,640	92,990	666,480	
12	總計	256,750	2,461,150	417,250	522,570	3,657,720	
13							

想要從整合所有分店的合計結果中,只篩選出**台北店**的合計結果

After

▲	A	B	C	D	E	F	G
1							
2	店名	台北店 ▼					
3							
4	加總 - 金額	欄標籤 ▼					
5	列標籤 ▼	甜點	組合餐	飲料	餐點	總計	
6	⊟2016年						
7	7月	15,690	148,150	26,220	33,970	224,030	
8	8月	17,710	144,450	25,630	32,860	220,650	
9	9月	14,090	130,400	24,920	31,200	200,610	
10	10月	14,810	147,250	27,490	32,700	222,250	
11	11月	14,360	151,100	25,470	31,680	222,610	
12	12月	14,030	151,050	27,170	32,950	225,220	
13	總計	90,690	872,400	156,900	195,380	1,315,370	
14							

在**篩選**區域中追加**店名**,指定**台北店**後,就會顯示**台北店**的合計結果

① 在「篩選」區域中新增欄位

此例將在**篩選**區域（Excel 2010 為**報表篩選**區域）中新增**店名**欄位

1 選取樞紐分析表內的任一儲存格

2 按住**店名**欄位

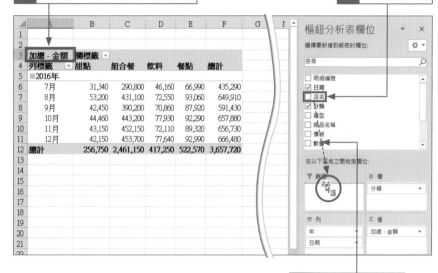

3 拉曳到**篩選**區域（Excel 2010 為**報表篩選**區域）內

	A	B	C	D	E	F	G
1	店名	(全部)					
2							
3	加總 - 金額	欄標籤					
4	列標籤	甜點	組合餐	飲料	餐點	總計	
5	⊟2016年						
6	7月	31,340	290,800	46,160	66,990	435,290	
7	8月	53,200	431,100	72,550	93,060	649,910	
8	9月	42,450	390,200	70,860	87,920	591,430	
9	10月	44,460	443,200	77,930	92,290	657,880	
10	11月	43,150	452,150	72,110	89,320	656,730	
11	12月	42,150	453,700	77,640	92,990	666,480	
12	總計	256,750	2,461,150	417,250	522,570	3,657,720	
13							

4 在**篩選**區域（Excel 2010 為**報表篩選**區域）中，新增**店名**欄位了

Hint

用其他方法篩選計算對象

篩選計算對象時，還可以透過**交叉分析篩選器**篩選（參照 Unit 31），**交叉分析篩選器**只要按下按鈕就能篩選出計算對象，也是很方便的技巧。

Hint

配置多個欄位

可以在**篩選**區域（Excel 2010 為**報表篩選**區域）中配置多個欄位，例如新增**用餐方式**欄位，就可以篩選出**台北店**的**外帶**加總結果。

此例將顯示**台北店**的計算結果

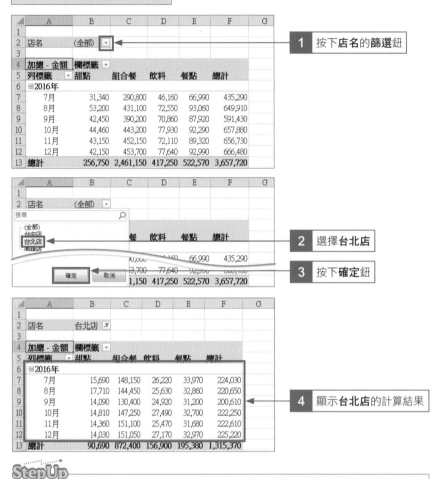

1 按下**店名**的**篩選**鈕

2 選擇**台北店**

3 按下**確定**鈕

4 顯示**台北店**的計算結果

StepUp

篩選多個項目

在步驟 **2** 中，如果想要指定多個分店時，請先勾選**選取多重項目**，然後再勾選想要篩選的分店。

③ 以各分店為對象製作樞紐分析表

請先按下**店名**的**篩選**鈕後選擇**(全部)**，然後再按下**確定**鈕，清除篩選條件

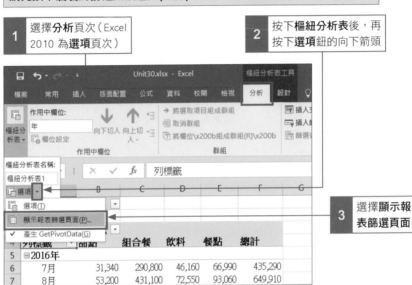

1　選擇**分析**頁次（Excel 2010 為**選項**頁次）

2　按下樞紐分析表後，再按下**選項**鈕的向下箭頭

3　選擇**顯示報表篩選頁面**

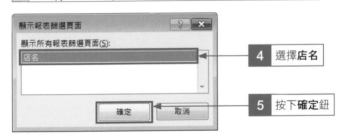

4　選擇**店名**

5　按下**確定**鈕

6　建立各分店的工作表，並建立顯示各分店計算結果的樞紐分析表

Unit **31**

能將資料瞬間篩選出來
的交叉分析篩選器

使用交叉分析篩選器可以切換整個計算表。此例將在「交叉分析篩選器」中，指定
店名後篩選出特定分店的合計結果。

「交叉分析篩選器」就像 Unit 30 的**篩選**區域一樣，使用在要切換整個計算表的情
況下。和樞紐分析表不同，為了要取得合計對象，會顯示專用按鈕，只要按下按
鈕，就能瞬間切換計算表。

Before

	A	B	C
1			
2			
3	**列標籤** ▾	**加總 - 金額**	
4	甜點	256,750	
5	組合餐	2,461,150	
6	飲料	417,250	
7	餐點	522,570	
8	**總計**	**3,657,720**	
9			

想要從各分類的銷售
金額計算表中，只篩
選出**台北店**的資料

After

	A	B	C	D	E
1					
2					
3	**列標籤** ▾	**加總 - 金額**	店名 ⋮☰ ▼ₓ		
4	甜點	256,750	台中店		
5	組合餐	2,461,150	台北店		
6	飲料	417,250	高雄店		
7	餐點	522,570			
8	**總計**	**3,657,720**			
9					
10					

新增**交叉分析篩選器**
後，按下想要篩選的
分店按鈕（這裡為**台
北店**），就能只計算
出指定分店的資料

① 插入交叉分析篩選器

此例將插入可以選擇**店名**的交叉分析篩選器

| 1 | 選取樞紐分析表內的任一儲存格 | 2 | 切換到**分析**頁次（Excel 2010 為**選項**頁次） | 3 | 按下**插入交叉分析篩選器**鈕 |

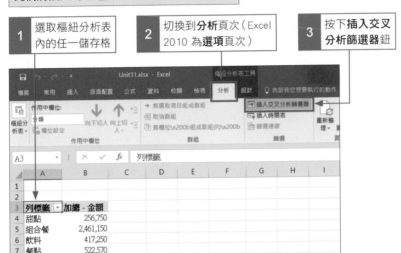

| 4 | 勾選**店名** |

| 5 | 按下**確定**鈕 | 6 | 顯示的**交叉分析篩選器** |

Hint

指定交叉分析篩選器的大小或配置

要變更**交叉分析篩選器**的大小時，可以拉曳**交叉分析篩選器**周圍的控點。拉曳**交叉分析篩選器**的外框，則可以移動配置的位置。

② 指定篩選條件

此例將顯示**台北店**的計算結果

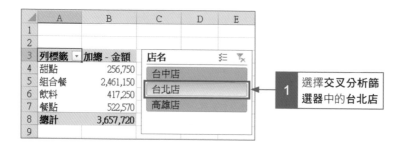

選擇**交叉分析篩選器**中的台北店

2 只顯示**台北店**的計算結果

3 按下**清除篩選**鈕

4 會顯示所有分店的計算結果

Hint

刪除「交叉分析篩選器」

要刪除**交叉分析篩選器**時，選擇**交叉分析篩選器**的外框後，按下 Delete 鍵刪除。

Hint

如何選擇多個項目

要在**交叉分析篩選器**中選擇多個項目時，請先選擇第 1 個項目後，按住 Ctrl 鍵再選擇下一個項目。

③ 使用多個「交叉分析篩選器」

此例將新增**交叉分析篩選器**後，顯示**台北店、外帶**的計算結果

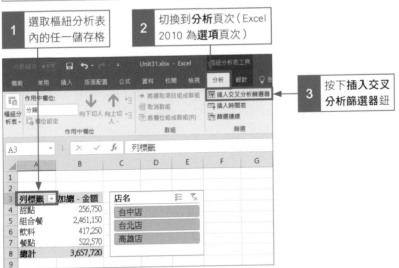

1	選取樞紐分析表內的任一儲存格
2	切換到**分析**頁次（Excel 2010 為**選項**頁次）
3	按下**插入交叉分析篩選器**鈕

| 4 | 勾選**用餐方式** |
| 5 | 按下**確定**鈕 |

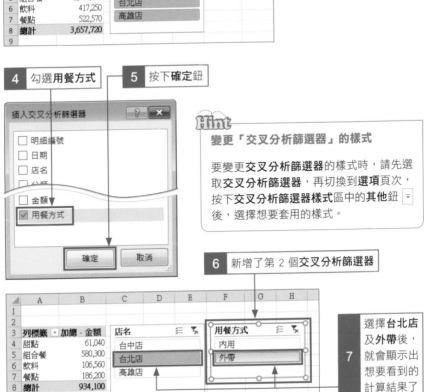

> **Hint**
>
> **變更「交叉分析篩選器」的樣式**
>
> 要變更**交叉分析篩選器**的樣式時，請先選取**交叉分析篩選器**，再切換到**選項**頁次，按下**交叉分析篩選器樣式**區中的**其他**鈕 後，選擇想要套用的樣式。

| 6 | 新增了第 2 個**交叉分析篩選器** |
| 7 | 選擇**台北店**及**外帶**後，就會顯示出想要看到的計算結果了 |

第 **4** 章 篩選資料

利用「時間表」篩選出資料

使用時間表後，可以在樞紐分析表中計算出一定期間內的資料。此例將在新增時間表後，計算出 2016 年 7 ~ 8 月間，各分店銷售金額的合計。

時間表是 Excel 2013 在樞紐分析表中的新功能，建立的工具列名稱會以指定的期間顯示。使用時間表後，可以在樞紐分析表中，以拉曳方式指定想要計算的期間。其中的日期單位也可以變更成**季**或**年**等。

Before

▲	A	B	C
1			
2			
3	**列標籤** ▼	**加總 - 金額**	
4	台中店	1,279,160	
5	台北店	1,315,370	
6	高雄店	1,063,190	
7	**總計**	**3,657,720**	
8			

想要從各分店銷售金額的計算表中，篩選出 2016 年 7、8 兩個月份的資料

After

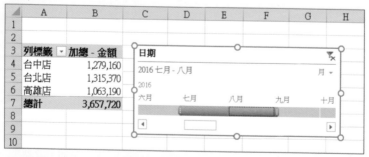

利用**時間表**來顯示指定期間的計算結果

① 插入「時間表」

此例將插入可以選擇計算期間的時間表

| 1 | 選取樞紐分析表內的任一儲存格 |

| 2 | 切換到**分析**頁次 |

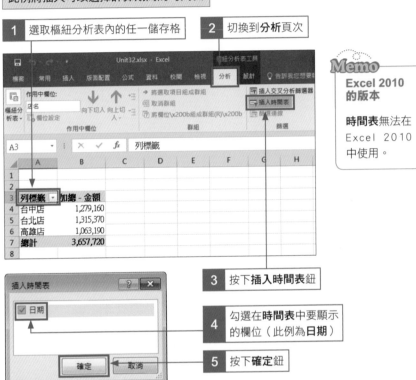

Memo

Excel 2010 的版本

時間表無法在 Excel 2010 中使用。

| 3 | 按下**插入時間表**鈕 |

| 4 | 勾選在**時間表**中要顯示的欄位（此例為**日期**） |

| 5 | 按下**確定**鈕 |

| 6 | 插入**時間表**了 |

Memo

關於「時間表」的日期欄位

插入時間表交談窗中顯示的欄位，是從樞紐分析表的原始資料清單中，輸入日期資料的欄位。

② 指定篩選條件

此例將顯示 2016 年 7 ~ 8 兩個月的計算結果

1 拉曳捲軸，顯示要計算的日期期間　　　**2** 從七月拉曳到九月之前

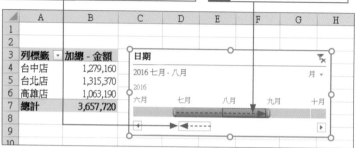

3 顯示 2016 年 7 ~ 8 兩個月的計算結果　　　**4** 按下**清除篩選**鈕

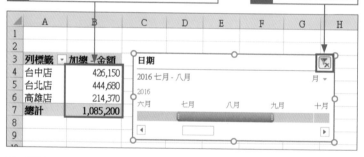

5 回復顯示整個期間的計算結果

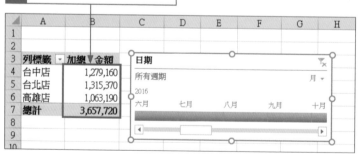

Hint

延長計算的期間

要延長計算期間時，只要將顯示期間的左右控制點往外側拉曳就可以了。

③ 變更篩選條件

此例將把計算單位從**月**變成**季**

1 按下**月**右側的向下箭頭   2 選擇**季**

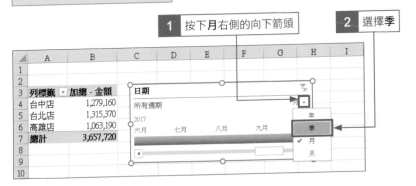

3 日期的單位變更成**季**了

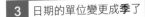

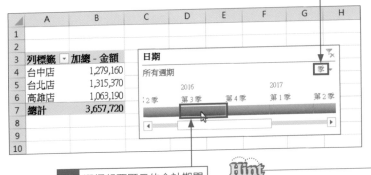

4 選擇想要顯示的合計期間

Hint

刪除「時間表」

要刪除**時間表**時，先選擇**時間表**的外框後，再按下 Delete 鍵。

5 依指定的期間顯示合計結果

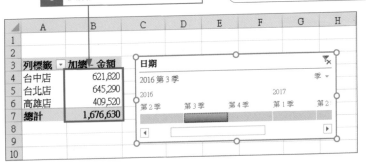

「向下查詢」探索特定資料

特別關注計算表中的**特定資料**時，可以向下查詢詳細資料。此例將關注有高銷售量的「組合餐」之分類，找出包含在「組合餐」中的銷售商品。

向下查詢（drill down）是指以大分類→中分類→小分類的順序，深入查詢資料的同時，發現問題點等，是分析資料的方法之一。例如，有大數值的銷售金額時，可以用來尋找是哪個暢銷商品提高該銷售金額。

Before

	A	B
1		
2		
3	列標籤 ▾	加總 - 金額
4	甜點	256,750
5	組合餐	2,461,150
6	飲料	417,250
7	餐點	522,570
8	總計	3,657,720
9		

在暢銷的**組合餐**中，想知道其中哪個商品的銷路最好

After

	A	B
1		
2		
3	列標籤 ▾	加總 - 金額
4	⊞ 甜點	256,750
5	⊟ 組合餐	
6	⊟ 中餐組合	
7	⊟ 元氣熱狗中餐組	
8	台中店	542,400
9	台北店	547,400
10	高雄店	452,800
11	元氣熱狗中餐組 合計	1,542,600
12	⊞ 元氣漢堡中餐組	677,200
13	中餐組合 合計	2,219,800
14	⊞ 早餐組合	241,350
15	組合餐 合計	2,461,150
16	⊞ 飲料	417,250
17	⊞ 餐點	522,570
18	總計	3,657,720
19		

使用**向下查詢**將資料向下搜尋後，可得知**中餐組合**在哪個分店的銷售額最高

① 確認類型的銷售金額

此例將在銷路好的**組合餐**中，分析哪個**類型**最暢銷

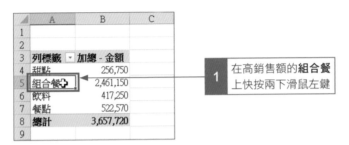

	A	B	C
1			
2			
3	列標籤 ▼	加總 - 金額	
4	甜點	256,750	
5	組合餐	2,461,150	
6	飲料	417,250	
7	餐點	522,570	
8	總計	3,657,720	
9			

1 在高銷售額的**組合餐**上快按兩下滑鼠左鍵

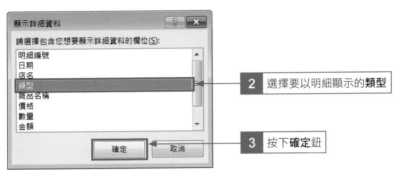

顯示詳細資料

請選擇包含您想要顯示詳細資料的欄位(S)：

明細編號
日期
店名
類型
商品名稱
價格
數量
金額

2 選擇要以明細顯示的**類型**

確定　　取消

3 按下**確定**鈕

第 **4** 章 篩選資料

4 **類型**被當成**組合餐**的明細顯示了。從結果可得知**中餐組合**的銷售金額最高

	A	B	C
1			
2			
3	列標籤 ▼	加總 - 金額	
4	⊞ 甜點	256,750	
5	⊟ 組合餐		
6	中餐組合	2,219,800	
7	早餐組合	241,350	
8	組合餐 合計	2,461,150	
9	⊞ 飲料	417,250	
10	⊞ 餐點	522,570	
11	總計	3,657,720	

樞紐分析表... ▼ ✕

選擇要新增到報表的欄位： ✿ ▼

搜尋 🔍

☐ 明細編號
☐ 日期
☐ 店名
☑ 分類
☑ 類型
☐ 商品名稱
☐ 價格
☐ 數量

在以下區域之間拖曳欄位：

▼ 篩選　　▥ 欄

▥ 列　　Σ 值
分類 ▼　加總 - 金額 ▼
類型 ▼

5 在**列**區域（Excel 2010 為 **列標籤**）中新增**類型**

② 確認商品的合計值

此例將在銷路好的**中餐組合**中，繼續分析哪個**商品**最暢銷

1 在**中餐組合**上快按兩下滑鼠左鍵

2 選擇要以明細顯示**商品名稱**

3 按下**確定**鈕

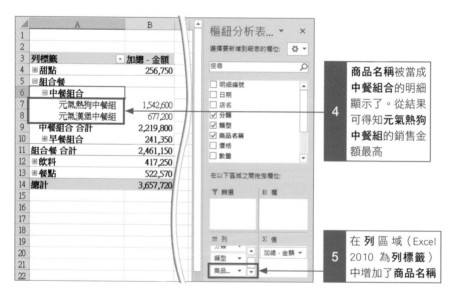

4 **商品名稱**被當成**中餐組合**的明細顯示了。從結果可得知**元氣熱狗中餐組**的銷售金額最高

5 在**列**區域（Excel 2010 為**列標籤**）中增加了**商品名稱**

Hint

隱藏群組資料

按下**組合餐**或**中餐組合**前的 ⊟ 後，可以將資料收合（隱藏）起來；按下 ⊞ 後，可以再次展開（顯示）詳細資料。

③ 確認分店的合計值

此例將在銷路好的**元氣熱狗中餐組**中，分析哪個**店名**銷售最好

1 在**元氣熱狗中餐組**上快按兩下滑鼠左鍵

2 選擇要以明細顯示的**店名**

3 按下**確定**鈕

4 **店名**被當成**元氣熱狗中餐組**的明細顯示了。從結果可得知各分店的銷售金額差異沒有很大

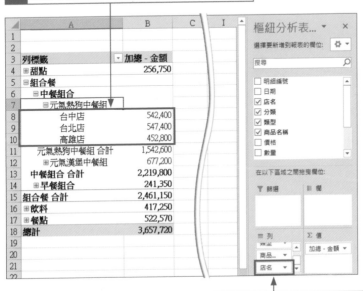

5 在**列**區域（Excel 2010 為**列標籤**）中新增**店名**

Unit **34**

「向上查詢」了解整個 資料的趨勢

此例將利用 Unit 33 中的向下查詢計算表，在向上查詢（drill up）的同時，將計算表還原。只要在樞紐分析表內儲存格上快按兩下滑鼠左鍵，就能向上查詢。

在 Unit 33 的向下查詢（drill down）中，介紹了如何追蹤關注資料的詳細合計值。另外，往上層追蹤合計值，以分析整個資料的趨勢也很重要。在小分類→中分類→大分類的順序中追蹤上層的合計值，就稱為**向上查詢（drill up）**。

Before

	A	B	C
1			
2			
3	列標籤	加總 - 金額	
4	⊞甜點	256,750	
5	⊟組合餐		
6	⊟中餐組合		
7	⊟元氣熱狗中餐組		
8	台中店	542,400	
9	台北店	547,400	
10	高雄店	452,800	
11	元氣熱狗中餐組 合計	1,542,600	
12	⊞元氣漢堡中餐組	677,200	
13	中餐組合 合計	2,219,800	
14	⊞早餐組合	241,350	
15	組合餐 合計	2,461,150	
16	⊞飲料	417,250	
17	⊞餐點	522,570	
18	總計	3,657,720	
19			

在**向下查詢**中確認詳細資料的合計值後，想要將詳細資料隱藏，以顯示大分類的合計值

After

	A	B	C
1			
2			
3	列標籤	加總 - 金額	
4	⊞甜點	256,750	
5	⊞組合餐	2,461,150	
6	⊞飲料	417,250	
7	⊞餐點	522,570	
8	總計	3,657,720	
9			

依序將資料按階層隱藏，最後就會顯示各**分類**的合計值

① 確認大分類的合計值

此例將把詳細資料隱藏，以顯示各分類的合計結果

1 在**元氣熱狗中餐組**的儲存格上快按兩下滑鼠左鍵

2 **元氣熱狗中餐組**的詳細資料會被隱藏

3 在**中餐組合**的儲存格上快按兩下滑鼠左鍵

4 **中餐組合**的詳細資料會被隱藏

5 在**組合餐**的儲存格上快按兩下滑鼠左鍵後，就會如上頁的下圖，詳細資料將會被隱藏

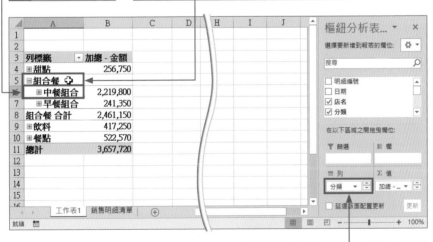

6 即使合計值的明細被隱藏，但**列**區域中的欄位配置還是會保留著

Unit 35

利用「連結搜尋」來顯示原始資料

在計算表中，決定想要關注的資料後，顯示其合計結果的原始資料明細，就稱為連結搜尋（drill through）。此例將顯示「台北店的香草冰淇淋銷售金額的原始資料」。

① 從合計結果確認原始資料

▲	A	B	C	D	E	F
1						
2						
3	加總 - 金額	欄標籤 ▼				
4	列標籤 ▼	台中店	台北店	高雄店	總計	
5	咖啡	77,400	77,700	65,640	220,740	
6	紅茶	37,560	38,040	32,220	107,820	
7	綜合水果汁	14,140	14,630	11,620	40,390	
8	綜合蔬果汁		26,530	21,770	48,300	
9	起士蛋糕	45,120	44,560	37,360	127,040	
10	香草冰淇淋	45,920	46,130	37,660	129,710	
11	熱狗	74,480	74,400	61,520	210,400	
12	辣醬熱狗	41,360	42,020	34,540	117,920	
13	漢堡	44,720	45,120	37,360	127,200	
14	魚排堡	33,210	33,840		67,050	
15	活力熱狗早餐組	85,050	86,400	69,900	241,350	
16	元氣熱狗中餐組	542,400	547,400	452,800	1,542,600	
17	元氣漢堡中餐組	237,800	238,600	200,800	677,200	
18	總計	1,279,160	1,315,370	1,063,190	3,657,720	
19						

1 在台北店的香草冰淇淋儲存格上快按兩下滑鼠左鍵

2 新增一個新的工作表　　　**3** 顯示台北店的香草冰淇淋的原始資料

	A	B	C	D	E	F	G	H	I	J	K	L	M	N
1	明細編號 ▼	日期 ▼	店名 ▼	分類 ▼	類型 ▼	商品名稱 ▼	價格 ▼	數量 ▼	金額 ▼	用餐方式 ▼				
2	T1M6593	2016/12/31	台北店	甜點	冰淇淋	香草冰淇淋	70	2	140	外帶				
3	T1M6571	2016/12/31	台北店	甜點	冰淇淋	香草冰淇淋	70	1	70	外帶				
4	T1M6560	2016/12/30	台北店	甜點	冰淇淋	香草冰淇淋	70	2	140	外帶				
5	T1M6538	2016/12/30	台北店	甜點	冰淇淋	香草冰淇淋	70	1	70	內用				
		2016/12/22	台北店	甜點	冰淇淋		70	2	140	外帶				
21	T1M6227	2016/12/22	台北店	甜點	冰淇淋	香草冰淇淋	70		70	外帶				
22	T1M6215	2016/12/21	台北店	甜點	冰淇淋	香草冰淇淋	70	2	140	內用				
23	T1M6102	2016/12/21	台北店	甜點	冰淇淋	香草冰淇淋	70	1	70	外帶				

工作表2　工作表1　銷售明細清單　＋

Hint

無法連結到原始資料

利用連結搜尋顯示的原始資料內容，是從樞紐分析表的原始資料清單中，只將台北店的香草冰淇淋資料顯示在其他工作表。當要新增／修改資料時，一定要在原始資料清單中編輯。

第 **5** 章

進階計算實例

同時執行多個數值的計算

在「值」區域中配置多個欄位後，可以依情況計算出加總及平均值、加總及計數等
多個數值的計算。此例將計算出銷售數量及銷售金額的合計。

如同 Unit 16 「將資料從大類別、小類別整理後再計算」的說明，在**欄**區域或**列**區
域中配置多個欄位，可以建立多層級的樞紐分析表。利用相同方法，在**值**區域中配
置多個欄位後，也可以同時計算出加總及平均值、加總及計數等結果。

Before

▲	A	B	C	D	E	F
1						
2						
3	加總 - 金額	欄標籤				
4	列標籤	台中店	台北店	高雄店	總計	
5	咖啡	77,400	77,700	65,640	220,740	
6	紅茶	37,560	38,040	32,220	107,820	
7	綜合水果汁	14,140	14,630	11,620	40,390	
8	綜合蔬果汁		26,530	21,770	48,300	
9	起士蛋糕	45,120	44,560	37,360	127,040	
10	香草冰淇淋	45,920	46,130	37,660	129,710	
11	熱狗	74,480	74,400	61,520	210,400	
12	辣醬熱狗	41,360	42,020	34,540	117,920	
13	漢堡	44,720	45,120	37,360	127,200	
14	魚排堡	33,210	33,840		67,050	
15	活力熱狗早餐組	85,050	86,400	69,900	241,350	
16	元氣熱狗中餐組	542,400	547,400	452,800	1,542,600	
17	元氣漢堡中餐組	237,800	238,600	200,800	677,200	
18	**總計**	1,279,160	1,315,370	1,063,190	3,657,720	
19						

顯示各商品在各分店的銷售金
額合計，同時也想要顯示銷售
數量的合計

After

▲	A	B	C	D	E	F
1						
2						
3		欄標籤				
4	列標籤	台中店	台北店	高雄店	總計	
5	**加總 - 數量**					
6	咖啡	1290	1295	1094	3679	
7	紅茶	626	634	537	1797	
8	綜合水果汁	202	209	166	577	
9	綜合蔬果汁		379	311	690	
10	起士蛋糕	564	557	467	1588	
11	香草冰淇淋	656	659	538	1853	
12	熱狗	931	930	769	2630	
13	辣醬熱狗	376	382	314	1072	
14	漢堡	559	564	467	1590	
15	魚排堡	369	376		745	
16	活力熱狗早餐組	567	576	466	1609	
17	元氣熱狗中餐組	2712	2737	2264	7713	
18	元氣漢堡中餐組	1189	1193	1004	3386	
19	**加總 - 金額**					
20	咖啡	77,400	77,700	65,640	220,740	
21	紅茶	37,560	38,040	32,220	107,820	
22	綜合水果汁	14,140	14,630	11,620	40,390	

銷售數量與銷售金額的合計，
以上下排列方式顯示

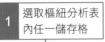

1 新增銷售數量的加總

1 選取樞紐分析表
內任一儲存格

2 將滑鼠移動到**樞紐分析
表欄位**工作窗格的**數量**

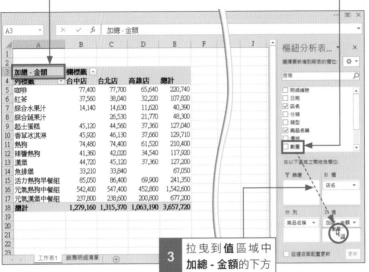

3 拉曳到**值**區域中
加總 - 金額的下方

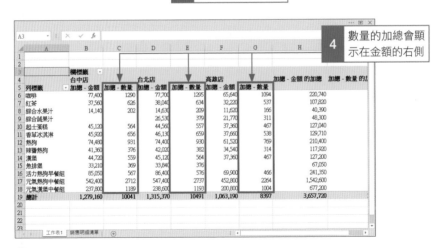

4 數量的加總會顯
示在金額的右側

Hint

可以選擇的計算方式

此例雖然顯示數量及金額的加總,但也可依需求變更計算方式(參照 Unit 37),
例如計數、平均值、最大、最小等。

② 變更欄位的排列順序

此例要將數量的加總配置在金額加總的左邊

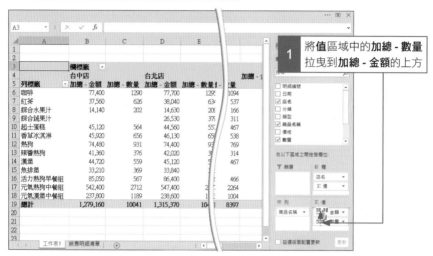

1 將**值**區域中的**加總 - 數量**拉曳到**加總 - 金額**的上方

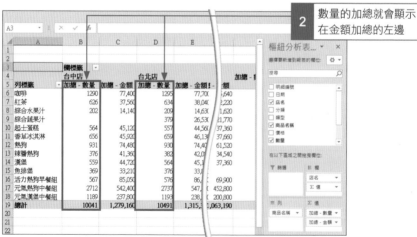

2 數量的加總就會顯示在金額加總的左邊

Hint

改用選單改變欄位的排列順序

欄位排列的順序，也可以在欄位上按一下滑鼠左鍵後，從出現的選單中變更。例如，在**值**區域的**加總 - 數量**上按一下滑鼠左鍵，接著選擇**上移**後，**加總 - 數量**就會移動到**加總 - 金額**上方了。

③ 變更顯示位置

此例將把銷售數量的加總與金額的加總，改成上下排列顯示

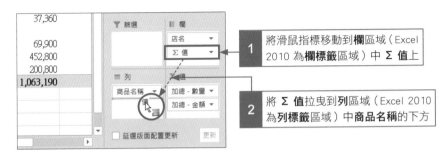

37,360				
69,900				
452,800				
200,800				
1,063,190				

1 將滑鼠指標移動到**欄**區域（Excel 2010 為**欄標籤**區域）中 **Σ 值**上

2 將 **Σ 值**拉曳到**列**區域（Excel 2010 為**列標籤**區域）中**商品名稱**的下方

3 各商品銷售的數量加總與金額加總，改以上下排列顯示

4 將**列**區域（Excel 2010 為**列標籤**區域）的 **Σ 值**拉曳到**商品名稱**的上方

4	列標籤	台中店	台北店	高雄店	總計
5	**咖啡**				
6	加總 - 數量	1290	1295	1094	3679
7	加總 - 金額	77,400	77,700	65,640	220,740
8	**紅茶**				
9	加總 - 數量	626	634	537	1797
10	加總 - 金額	37,560	38,040	32,220	107,820
11	**綜合水果汁**				
12	加總 - 數量	202	209	166	577
13	加總 - 金額	14,140	14,630	11,620	40,390
14	**綜合蔬果汁**				
15	加總 - 數量		379	311	690
16	加總 - 金額		26,530	21,770	48,300
17	**起士蛋糕**				
18	加總 - 數量	564	557	467	1588
19	加總 - 金額	45,120	44,560	37,360	127,040
20	**香草冰淇淋**				
21	加總 - 數量	656	659	538	1853
22	加總 - 金額	45,920	46,130	37,660	129,710
23	**熱狗**				
24	加總 - 數量	931	930	769	2630
25	加總 - 金額	74,480	74,400	61,520	210,400

樞紐分析表欄位

選擇要新增到報表的欄位：

搜尋

- ☐ 類型
- ☑ 商品名稱
- ☐ 價格
- ☑ 數量
- ☑ 金額

在以下區域之間拖曳欄位：

▼ 篩選
Ⅲ 欄　店名

Ⅲ 列　商品名稱　Σ 值
Σ 值　加總 - 數量　加總 - 金額

2		欄標籤			
3					
4	列標籤	台中店	台北店	高雄店	總計
5	**加總 - 數量**				
6	咖啡	1290	1295	1094	3679
7	紅茶	626	634	537	1797
8	綜合水果汁	202	209	166	577
9	綜合蔬果汁		379	311	690
10	起士蛋糕	564	557	467	1588
11	香草冰淇淋	656	659	538	1853
12	熱狗	931	930	769	2630
13	辣醬熱狗	376	382	314	1072
14	漢堡	559	564	467	1590
15	焦排堡	369	376		745
16	活力熱狗早餐組	567	576	466	1609
17	元氣熱狗中餐組	2712	2737	2264	7713
18	元氣漢堡中餐組	1189	1193	1004	3386
19	**加總 - 金額**				
20	咖啡	77,400	77,700	65,640	220,740
21	紅茶	37,560	38,040	32,220	107,820
22	綜合水果汁	14,140	14,630	11,620	40,390

Memo

將計算值以垂直方式排列

在**值**區域中配置多個欄位後，會自動在**欄**區域（Excel 2010 為**欄標籤**區域）中顯示 **Σ 值**。將 **Σ 值**移動到**列標籤**區域（Excel 2010 為**列**區域）後，計算值會上下排列。

5 銷售數量與金額的合計會上下分開顯示

Unit 37

變更資料的計算方式

在「值」區域中配置多個欄位後，在預設的情況下，會以加總的方式計算，但我們也能自行變更計算方式。此例將把計算方式從「加總」變更成「計數」。

在**值**區域中配置數值欄位後，會以**加總**方式計算，數值以外的欄位，則會以**計數**方式計算。想要變更計算方式時，可以在**值欄位設定**交談窗中指定，其計算方式包括加總、計數、平均值、最大、最小、乘積、數字項個數、標準差、母體標準差、變異數、母體變異值等 11 種。

Before

各商品在各分店的銷售金額以加總方式計算，但想要改顯示銷售數量

After

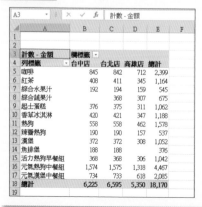

將計算方式變更成**計數**後，就會顯示各商品在各分店的銷售數量

① 計算資料的個數

1 選取樞紐分析表內任一儲存格

2 在**值**區域中的**加總 - 金額**上按一下滑鼠左鍵

3 選擇**值欄位設定**

4 在**摘要值方式**頁次中選擇**計數**

5 按下**確定**鈕

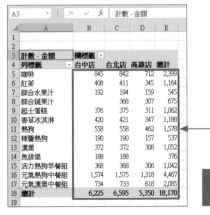

Hint

開啟「值欄位設定」交談窗

請先選取樞鈕分析表中欲顯示計算值的儲存格，再切換到**分析**頁次（Excel 2010 為**選項**頁次）按下**欄位設定**鈕，也能開啟**值欄位設定**交談窗。

6 將計算方法變更成**計數**，便可得知各商品的銷售數量

第 **5** 章

進階計算實例

Unit 38

計算銷售額構成比例

除了 Unit 37 介紹的計算方式外，也可以指定「值的顯示方式」後再進行計算。此例將變更「值的顯示方式」後，計算出各分店的銷售金額構成比例。

計算數值的構成比例後，可以明確得知數值在全體中所佔的比例。要在樞紐分析表中計算構成比例時，要變更**值的顯示方式**。例如，要顯示配置在**列**區域中各分店的銷售額構成比例時，選擇**總計百分比**，讓列的總計為 100% 的情況下，就會顯示各列所佔的比例。

Before

	A	B	C
1			
2			
3	列標籤 ▾	加總 - 金額	
4	台中店	1,279,160	
5	台北店	1,315,370	
6	高雄店	1,063,190	
7	總計	3,657,720	
8			

已計算各分店銷售金額的合計，但想要顯示在全體銷售額為 100% 的情況下，各分店的銷售額構成比例

After

	A	B	C	D
1				
2				
3	列標籤 ▾	加總 - 金額	構成比例	
4	台中店	1,279,160	34.97%	
5	台北店	1,315,370	35.96%	
6	高雄店	1,063,190	29.07%	
7	總計	3,657,720	100.00%	
8				

在**值**區域中追加**金額**欄位後，顯示各分店的銷售額構成比例

① 顯示各分店的銷售額構成比例

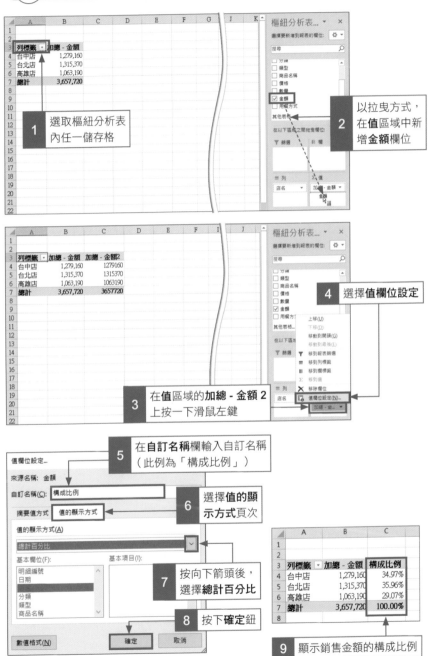

1 選取樞紐分析表內任一儲存格

2 以拉曳方式，在**值**區域中新增**金額**欄位

3 在**值**區域的**加總 - 金額 2** 上按一下滑鼠左鍵

4 選擇**值欄位設定**

5 在**自訂名稱**欄輸入自訂名稱（此例為「構成比例」）

6 選擇**值的顯示方式**頁次

7 按向下箭頭後，選擇**總計百分比**

8 按下**確定**鈕

9 顯示銷售金額的構成比例

計算與上個月比較的結果

透過「值的顯示方式」來計算與上個月比較的結果。此例將在「值」區域中新增「金額」
欄位,並變更「值的顯示方式」,就可以在各分店的每月計算表中以比例的方式新增
與上個月比較的結果。

在樞紐分析表中要計算與上個月比較的結果時,要先將配置在**值**區域數值欄位的顯
示方式設定成**百分比**,然後再將**基本欄位**設定成**日期**,將**基本項目**設定成 **(前一)**,
完成後因為 "前一 = 上個月",如此便可求得與上個月的比較結果。

Before

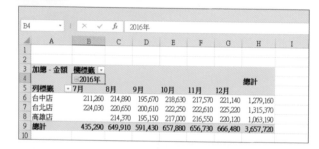

計算出各分店在每
個月的銷售金額,
但還想要顯示與上
個月銷售額的比較
結果

After

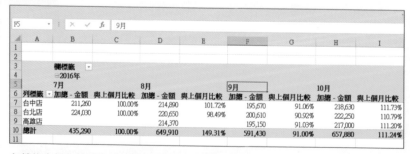

在銷售金額合計的右邊,顯示與上個月比較的結果,
如此就能掌握銷售是正成長或負成長

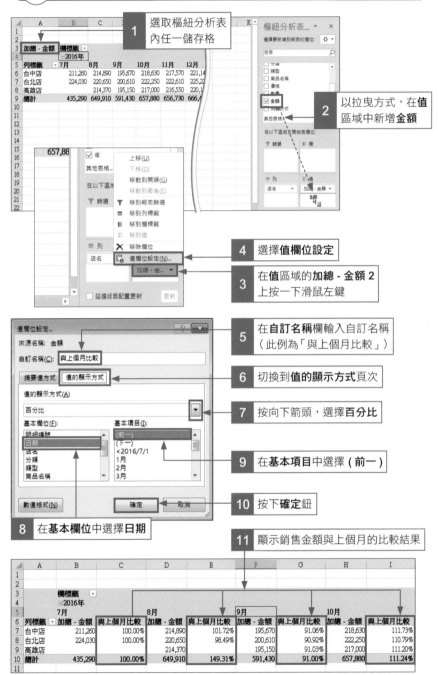

① 顯示與上個月比較的結果

1 選取樞紐分析表內任一儲存格

2 以拉曳方式,在**值**區域中新增**金額**

4 選擇**值欄位設定**

3 在**值**區域的**加總 - 金額 2**上按一下滑鼠左鍵

5 在**自訂名稱**欄輸入自訂名稱(此例為「與上個月比較」)

6 切換到**值的顯示方式**頁次

7 按向下箭頭,選擇**百分比**

9 在**基本項目**中選擇(前一)

10 按下**確定**鈕

8 在**基本欄位**中選擇**日期**

11 顯示銷售金額與上個月的比較結果

▲	A	B	C	D	E	F	G	H	I
1									
2									
3		欄標籤							
4		=2016年							
5		7月		8月		9月		10月	
6	列標籤	加總 - 金額	與上個月比較	加總 - 金額	與上個月比較	加總 - 金額	與上個月比較	加總 - 金額	與上個月比較
7	台中店	211,260	100.00%	214,890	101.72%	195,670	91.06%	218,630	111.73%
8	台北店	224,030	100.00%	220,650	98.49%	200,610	90.92%	222,250	110.79%
9	高雄店			214,370		195,150	91.03%	217,000	111.20%
10	總計	435,290	100.00%	649,910	149.31%	591,430	91.00%	657,880	111.24%
11									

計算銷售累計

透過「值的顯示方式」中的「計算加總至」來計算出累計結果。此例將在「值」區域新增「金額」欄位的顯示方式，以計算出各分店每個月的銷售額累計結果。

累計計算時，要先將配置在**值**區域的數值欄位顯示方式設定成**計算加總至**，然後再將**基本欄位**設定成**日期**，就能依每個日期（此例為每個月）將數值累計計算。

Before

▲	A	B	C	D	E	F
1						
2						
3	加總 - 金額	欄標籤 ▾				
4	列標籤 ▾	台中店	台北店	高雄店	總計	
5	⊟2016年					
6	7月	211,260	224,030		435,290	
7	8月	214,890	220,650	214,370	649,910	
8	9月	195,670	200,610	195,150	591,430	
9	10月	218,630	222,250	217,000	657,880	
10	11月	217,570	222,610	216,550	656,730	
11	12月	221,140	225,220	220,120	666,480	
12	總計	1,279,160	1,315,370	1,063,190	3,657,720	
13						

已計算出各分店每個月銷售額的合計，但想要依序顯示每個月銷售金額的累計結果

After

▲	A	B	C	D	E	F	G	H	I	J
1										
2										
3		欄標籤 ▾								
4		台中店		台北店		高雄店		加總 - 金額 的加總	累計 的加總	
5	列標籤 ▾	加總 - 金額	累計	加總 - 金額	累計	加總 - 金額	累計			
6	⊟2016年									
7	7月	211,260	211260	224,030	224030		0	435,290	435290	
8	8月	214,890	426150	220,650	444680	214,370	214370	649,910	1085200	
9	9月	195,670	621820	200,610	645290	195,150	409520	591,430	1676630	
10	10月	218,630	840450	222,250	867540	217,000	626520	657,880	2334510	
11	11月	217,570	1058020	222,610	1090150	216,550	843070	656,730	2991240	
12	12月	221,140	1279160	225,220	1315370	220,120	1063190	666,480	3657720	
13	總計	1,279,160		1,315,370		1,063,190		3,657,720		
14										

在銷售金額加總的右側顯示累計結果。執行累計計算後，想知道「台北店」到 10 月為止的銷售額合計時，就能馬上得知其結果

顯示每個月銷售額的累計

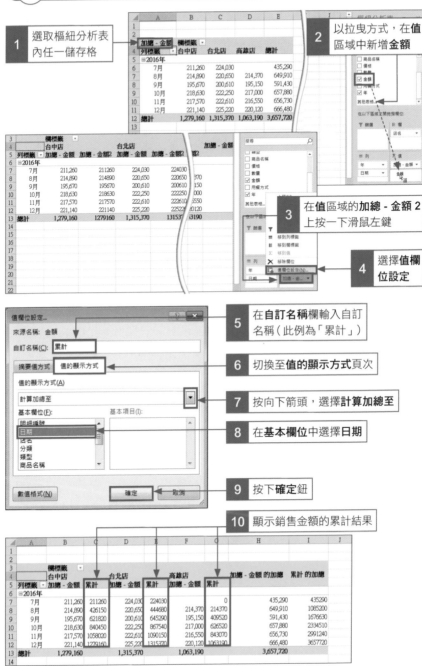

1 選取樞紐分析表內任一儲存格

2 以拉曳方式，在**值**區域中新增**金額**

3 在**值**區域的**加總 - 金額 2**上按一下滑鼠左鍵

4 選擇**值欄位設定**

5 在**自訂名稱**欄輸入自訂名稱（此例為「累計」）

6 切換至**值的顯示方式**頁次

7 按向下箭頭，選擇**計算加總至**

8 在**基本欄位**中選擇**日期**

9 按下**確定**鈕

10 顯示銷售金額的累計結果

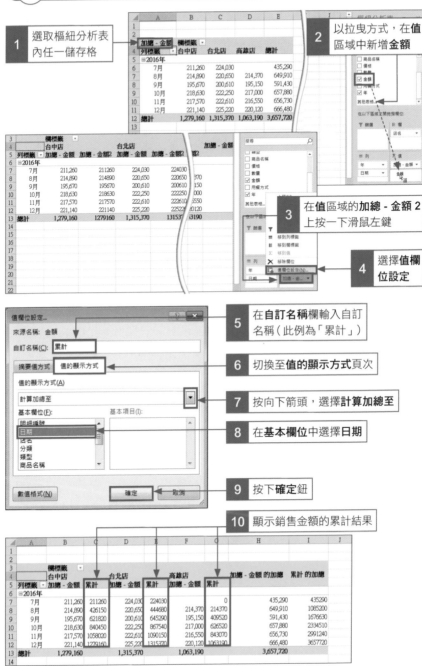

第 **5** 章

進階計算實例

Unit **41**

求得銷售額的排名

透過「值的顯示方式」中的「最大到最小排列」來求得商品的銷售排行。此例將在「值」區域中新增「金額」欄位,並設定顯示方式,然後依各商品銷售金額的大小顯示其排名。

求得數值大小順序時,並不需要特別使用 RANK 函數來完成。在樞紐分析表中,只要將「值的顯示方式」設定成「排序」即可。排序可分成**最大到最小排序**及**最小到最大排序**,想要將數值由高到低排序時,要選擇**最大到最小排序**。

Before

	A	B	C
1			
2			
3	列標籤 ▾	加總 - 金額	
4	咖啡	220,740	
5	紅茶	107,820	
6	綜合水果汁	40,390	
7	綜合蔬果汁	48,300	
8	起士蛋糕	127,040	
9	香草冰淇淋	129,710	
10	熱狗	210,400	
11	辣醬熱狗	117,920	
12	漢堡	127,200	
13	魚排堡	67,050	
14	活力熱狗早餐組	241,350	
15	元氣熱狗中餐組	1,542,600	
16	元氣漢堡中餐組	677,200	
17	總計	3,657,720	
18			

顯示各商品銷售額的加總結果。只有加總結果的話,無法立即得知銷售第一的商品

After

	A	B	C
1			
2			
3	列標籤 ▾	加總 - 金額	排名
4	咖啡	220,740	4
5	紅茶	107,820	10
6	綜合水果汁	40,390	13
7	綜合蔬果汁	48,300	12
8	起士蛋糕	127,040	8
9	香草冰淇淋	129,710	6
10	熱狗	210,400	5
11	辣醬熱狗	117,920	9
12	漢堡	127,200	7
13	魚排堡	67,050	11
14	活力熱狗早餐組	241,350	3
15	元氣熱狗中餐組	1,542,600	1
16	元氣漢堡中餐組	677,200	2
17	總計	3,657,720	
18			

在合計欄位旁邊新增排名,可以立即得知銷售第一的商品

顯示商品的銷售排名

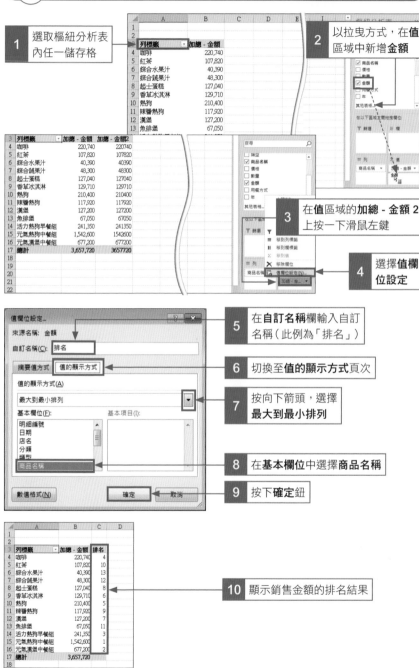

1 選取樞紐分析表內任一儲存格

2 以拉曳方式,在**值**區域中新增**金額**

3 在**值**區域的加總 - 金額2 上按一下滑鼠左鍵

4 選擇**值欄位設定**

5 在**自訂名稱**欄輸入自訂名稱(此例為「排名」)

6 切換至**值的顯示方式**頁次

7 按向下箭頭,選擇**最大到最小排列**

8 在**基本欄位**中選擇**商品名稱**

9 按下**確定**鈕

10 顯示銷售金額的排名結果

Unit **42**

利用自訂算式計算「稅額」 及「未稅金額」

除了「摘要值方式」、「值的顯示方式」2 種計算方式外，還可以利用自訂的計算式來計算。此例將從各商品的銷售合計金額中，求得稅額及未稅金額。

自訂的算式會以插入新欄位（**計算欄位**）的方式新增，此例將新增「稅額」及「未稅金額」2 個欄位後，利用顯示含稅金額欄位求得**稅額**，接著從含稅金額中扣掉稅後，求得**未稅金額**。

Before

顯示各商品銷售額（含稅）的加總結果，但想要顯示稅額及未稅金額

After

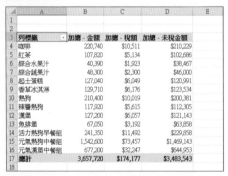

新增 2 個計算欄位後，計算出**稅額**及**未稅金額**

1 計算稅額

1 選取樞紐分析表內任一儲存格

2 選擇**分析**頁次（Excel 2010 為**選項**頁次）

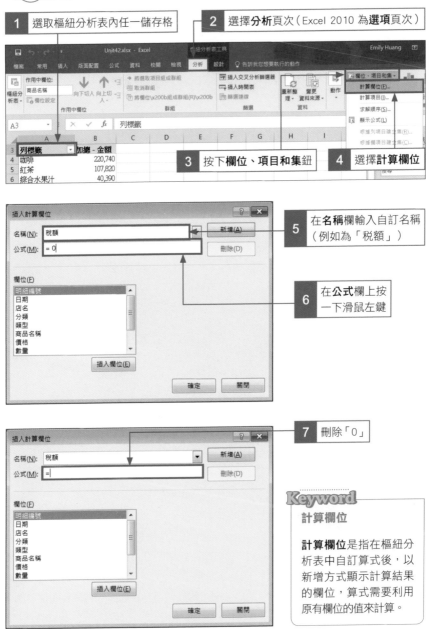

3 按下**欄位、項目和集**鈕

4 選擇**計算欄位**

5 在**名稱**欄輸入自訂名稱（例如為「稅額」）

6 在**公式**欄上按一下滑鼠左鍵

7 刪除「0」

第 **5** 章

進階計算實例

5-17

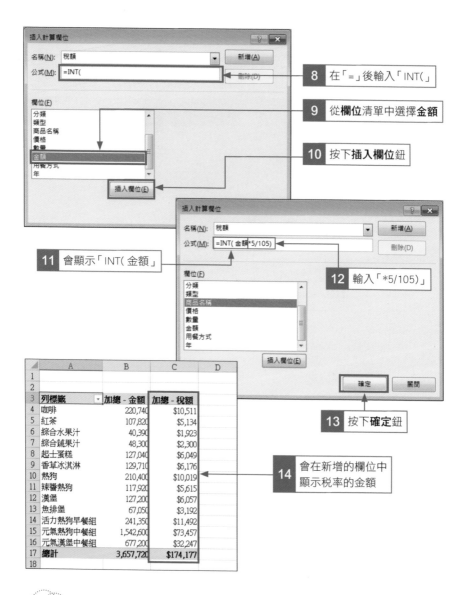

8 在「=」後輸入「INT(」

9 從欄位清單中選擇金額

10 按下插入欄位鈕

11 會顯示「INT(金額」

12 輸入「*5/105)」

13 按下確定鈕

14 會在新增的欄位中顯示稅率的金額

	A	B	C	D
3	列標籤	加總 - 金額	加總 - 稅額	
4	咖啡	220,740	$10,511	
5	紅茶	107,820	$5,134	
6	綜合水果汁	40,390	$1,923	
7	綜合蔬果汁	48,300	$2,300	
8	起士蛋糕	127,040	$6,049	
9	香草冰淇淋	129,710	$6,176	
10	熱狗	210,400	$10,019	
11	辣醬熱狗	117,920	$5,615	
12	漢堡	127,200	$6,057	
13	魚排堡	67,050	$3,192	
14	活力熱狗早餐組	241,350	$11,492	
15	元氣熱狗中餐組	1,542,600	$73,457	
16	元氣漢堡中餐組	677,200	$32,247	
17	總計	3,657,720	$174,177	

Memo

求得稅額

含稅金額是指包含發票稅 5% 的 105%，因此要從含稅金額中求得發票稅金額時，要輸入公式「=INT (金額 * 5/105)」。使用 INT 函數，可以將計算結果的小數點以下位數捨去。

② 計算未稅金額

利用 P.5-17 步驟 **1** ~ 步驟 **4** 的方法，事先開啟**插入計算欄位**交談窗

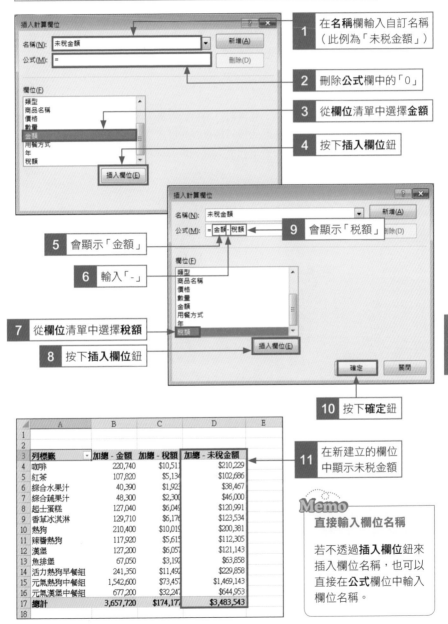

1　在**名稱**欄輸入自訂名稱（此例為「未稅金額」）

2　刪除**公式**欄中的「0」

3　從**欄位**清單中選擇**金額**

4　按下**插入欄位**鈕

5　會顯示「金額」

6　輸入「-」

7　從**欄位**清單中選擇**稅額**

8　按下**插入欄位**鈕

9　會顯示「稅額」

10　按下**確定**鈕

	A	B	C	D	E
1					
2					
3	列標籤 ▼	加總 - 金額	加總 - 稅額	加總 - 未稅金額	
4	咖啡	220,740	$10,511	$210,229	
5	紅茶	107,820	$5,134	$102,686	
6	綜合水果汁	40,390	$1,923	$38,467	
7	綜合蔬果汁	48,300	$2,300	$46,000	
8	起士蛋糕	127,040	$6,049	$120,991	
9	香草冰淇淋	129,710	$6,176	$123,534	
10	熱狗	210,400	$10,019	$200,381	
11	辣醬熱狗	117,920	$5,615	$112,305	
12	漢堡	127,200	$6,057	$121,143	
13	魚排堡	67,050	$3,192	$63,858	
14	活力熱狗早餐組	241,350	$11,492	$229,858	
15	元氣熱狗中餐組	1,542,600	$73,457	$1,469,143	
16	元氣漢堡中餐組	677,200	$32,247	$644,953	
17	總計	3,657,720	$174,177	$3,483,543	
18					

11　在新建立的欄位中顯示未稅金額

Memo

直接輸入欄位名稱

若不透過**插入欄位**鈕來插入欄位名稱，也可以直接在**公式**欄位中輸入欄位名稱。

第 **5** 章　進階計算實例

利用自訂分類來計算平均銷量

使用「計算項目」可以從樞紐分析表中整合計算特定項目。此例將從商品銷售計算表中，計算出特定 3 項商品銷售數量的平均值。

計算項目是指原有的欄位項目外，新增自訂項目的計算。從商品銷售表中，只將特定商品指定成**計算項目**後，在商品名稱的最後一列會建立新項目。此例將在新增的計算項目中，顯示 3 項商品銷售數量的平均值。

	A	B	C
1			
2			
3	列標籤	加總 - 數量	
4	咖啡	3,679	
5	紅茶	1,797	
6	綜合水果汁	577	
7	綜合蔬果汁	690	
8	起士蛋糕	1,588	
9	香草冰淇淋	1,853	
10	熱狗	2,630	
11	辣醬熱狗	1,072	
12	漢堡	1,590	
13	魚排堡	745	
14	活力熱狗早餐組	1,609	
15	元氣熱狗中餐組	7,713	
16	元氣漢堡中餐組	3,386	
17	總計	28,929	
18			

顯示各商品銷售數量的加總結果，但還想要求得商品中**熱狗**、**漢堡**、**魚排堡** 3 項商品銷售數量的平均值

	A	B	C
1			
2			
3	列標籤	加總 - 數量	
4	咖啡	3,679	
5	紅茶	1,797	
6	綜合水果汁	577	
7	綜合蔬果汁	690	
8	起士蛋糕	1,588	
9	香草冰淇淋	1,853	
10	熱狗	2,630	
11	辣醬熱狗	1,072	
12	漢堡	1,590	
13	魚排堡	745	
14	活力熱狗早餐組	1,609	
15	元氣熱狗中餐組	7,713	
16	元氣漢堡中餐組	3,386	
17	主力餐點的平均	1,655	
18	總計	30,584	
19			

新增「主力餐點的平均」計算項目後，即可求得 3 項商品銷售數量的平均值

① 求得 3 項商品的平均

此例將求得**熱狗、漢堡、魚排堡** 3 項商品銷售數量的平均值

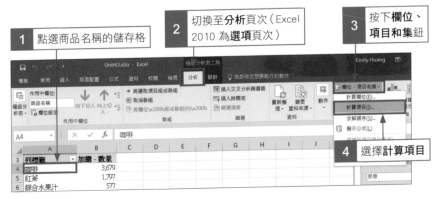

1 點選商品名稱的儲存格

2 切換至**分析**頁次（Excel 2010 為**選項**頁次）

3 按下**欄位、項目和集**鈕

4 選擇計算項目

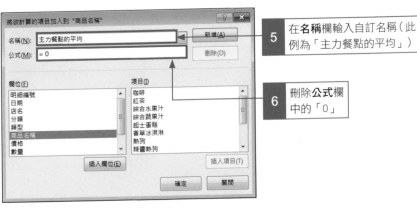

5 在**名稱**欄輸入自訂名稱（此例為「主力餐點的平均」）

6 刪除**公式**欄中的「0」

7 在「=」後輸入「AVERAGE(」

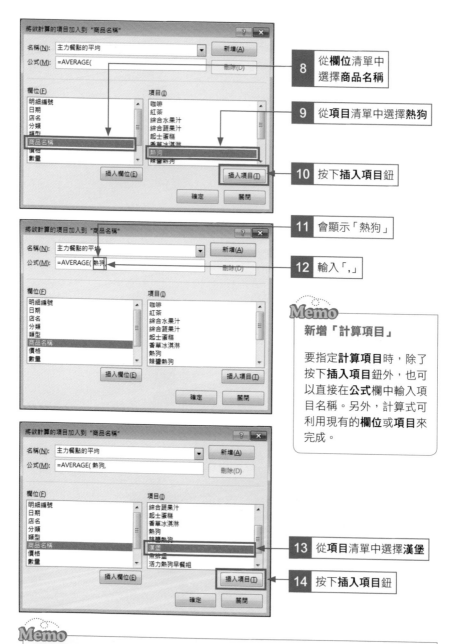

8 從**欄位**清單中選擇**商品名稱**

9 從**項目**清單中選擇**熱狗**

10 按下**插入項目**鈕

11 會顯示「熱狗」

12 輸入「,」

Memo

新增「計算項目」

要指定**計算項目**時，除了按下**插入項目**鈕外，也可以直接在**公式**欄中輸入項目名稱。另外，計算式可利用現有的**欄位**或**項目**來完成。

13 從**項目**清單中選擇**漢堡**

14 按下**插入項目**鈕

Memo

求得平均值

要求得平均值時，可以利用 AVERAGE 函數來計算。函數中的引數，則是用逗號將指定要求得銷售數量平均的商品名稱做區隔。

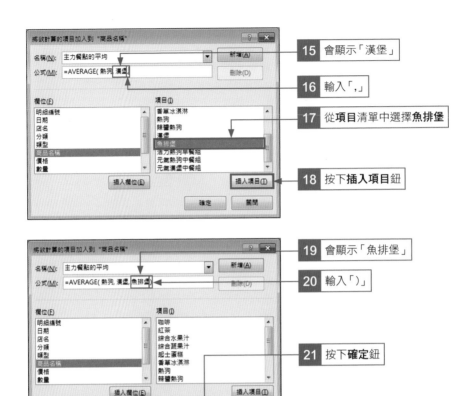

15 會顯示「漢堡」

16 輸入「,」

17 從項目清單中選擇魚排堡

18 按下插入項目鈕

19 會顯示「魚排堡」

20 輸入「)」

21 按下確定鈕

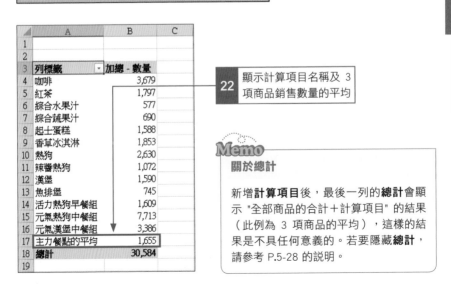

	A	B	C
1			
2			
3	列標籤	加總 - 數量	
4	咖啡	3,679	
5	紅茶	1,797	
6	綜合水果汁	577	
7	綜合蔬果汁	690	
8	起士蛋糕	1,588	
9	香草冰淇淋	1,853	
10	熱狗	2,630	
11	辣醬熱狗	1,072	
12	漢堡	1,590	
13	魚排堡	745	
14	活力熱狗早餐組	1,609	
15	元氣熱狗中餐組	7,713	
16	元氣漢堡中餐組	3,386	
17	主力餐點的平均	1,655	
18	總計	30,584	
19			

22 顯示計算項目名稱及 3 項商品銷售數量的平均

Memo

關於總計

新增**計算項目**後，最後一列的**總計**會顯示 "全部商品的合計＋計算項目" 的結果（此例為 3 項商品的平均），這樣的結果是不具任何意義的。若要隱藏**總計**，請參考 P.5-28 的說明。

Unit **44**

求得與計算項目的差距

在 Unit 43 已新增了「主力餐點的平均」，但我們還想了解 3 個商品實際銷售數量與銷售平均值的差距。要求得差距時，可變更「值的顯示方式」來達成。

要求得 3 項主力商品的銷售數量與銷售平均值的差距時，需要 3 個操作步驟。首先**新增計算欄位**，接著將**計算欄位**的顯示方式變更成**差異**後，求得在 Unit 43 中新增的**計算項目**與商品的差距，最後再整合計算表的顯示方式就完成了。

Before

	A	B	C
1			
2			
3	**列標籤** ▼	**加總 - 數量**	
4	咖啡	3,679	
5	紅茶	1,797	
6	綜合水果汁	577	
7	綜合蔬果汁	690	
8	起士蛋糕	1,588	
9	香草冰淇淋	1,853	
10	熱狗	2,630	
11	辣醬熱狗	1,072	
12	漢堡	1,590	
13	魚排堡	745	
14	活力熱狗早餐組	1,609	
15	元氣熱狗中餐組	7,713	
16	元氣漢堡中餐組	3,386	
17	主力餐點的平均	1,655	
18	**總計**	**30,584**	

顯示各商品銷售數量的加總結果，及在 Unit 43 中新增的「主力餐點的平均」。但從計算表中，無法看出計算表想要呈現的內容

After

	A	B	C	D
1				
2				
3	**列標籤** ▼	**加總 - 數量**	**加總 - 與平均值的差距**	
4	熱狗	2,630	975	
5	漢堡	1,590	-65	
6	魚排堡	745	-910	
7	主力餐點的平均	1,655		
8				

只顯示「主力餐點的平均」後，第 7 列的平均與銷售的差距值顯示在 C 欄的**計算項目**中。這樣一來，就能鎖定關注這 3 項商品的銷售動向

① 新增計算欄位

這裡將新增計算欄位後,顯示「數量」的合計

2 切換至**分析**頁次(Excel 2010 為**選項**頁次)

3 按下**欄位、項目和集**鈕

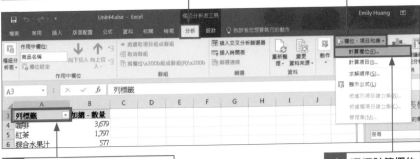

1 選取樞紐分析表內任一儲存格

4 選擇**計算欄位**

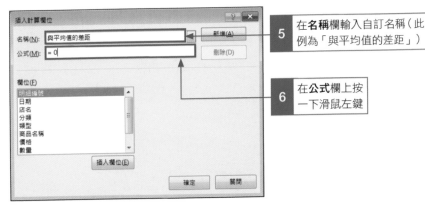

5 在**名稱**欄輸入自訂名稱(此例為「與平均值的差距」)

6 在**公式**欄上按一下滑鼠左鍵

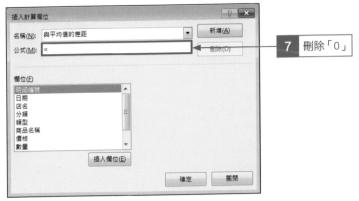

7 刪除「0」

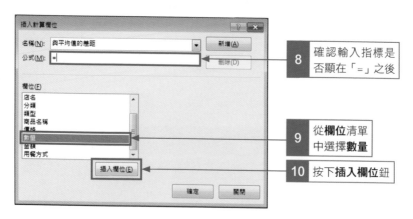

8 確認輸入指標是否顯在「=」之後

9 從**欄位**清單中選擇**數量**

10 按下**插入欄位**鈕

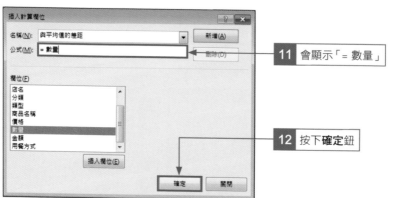

11 會顯示「= 數量」

12 按下**確定**鈕

	A	B	C	D
1				
2				
3	列標籤 ▼	加總 - 數量	加總 - 與平均值的差距	
4	咖啡	3,679	3,679	
5	紅茶	1,797	1,797	
6	綜合水果汁	577	577	
7	綜合蔬果汁	690	690	
8	起士蛋糕	1,588	1,588	
9	香草冰淇淋	1,853	1,853	
10	熱狗	2,630	2,630	
11	辣醬熱狗	1,072	1,072	
12	漢堡	1,590	1,590	
13	魚排堡	745	745	
14	活力熱狗早餐組	1,609	1,609	
15	元氣熱狗中餐組	7,713	7,713	
16	元氣漢堡中餐組	3,386	3,386	
17	主力餐點的平均	1,655	1,655	
18	總計	30,584	30,584	
19				

13 顯示**數量**的加總結果，是與 B 欄相同的計算值

Memo

新增「計算欄位」

包括在樞紐分析表中的**計算項目**，無法在**值**區域中配置多個相同的欄位。因此，要顯示數量的合計時，無法使用如 P.5-3 中利用拉曳欄位到**值**區域的方法，而是要利用新增欄位的方式。

② 顯示與基準值的差距

這裡將變更**計算欄位**的計算方法，顯示與「主力餐點的平均」的差距

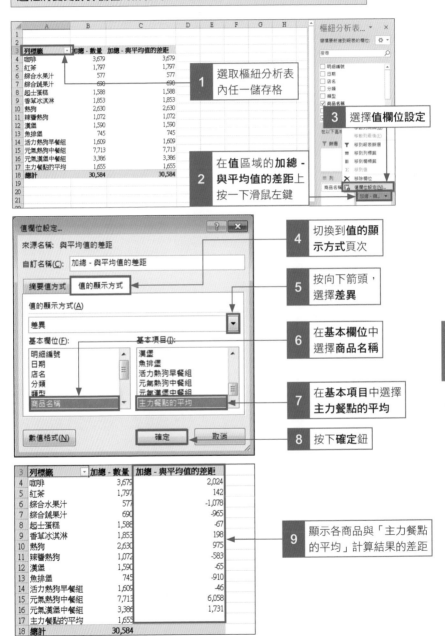

5-27

③ 只顯示必要項目

這裡，只顯示 3 項餐點及「主力餐點的平均」後，要將**總計**隱藏

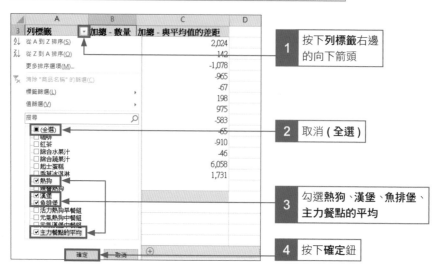

1 按下**列標籤**右邊的向下箭頭

2 取消 (全選)

3 勾選**熱狗**、**漢堡**、**魚排堡**、**主力餐點的平均**

4 按下**確定**鈕

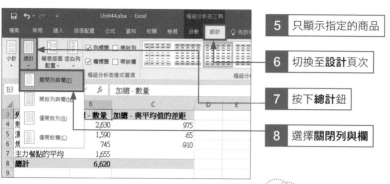

5 只顯示指定的商品

6 切換至**設計**頁次

7 按下**總計**鈕

8 選擇**關閉列與欄**

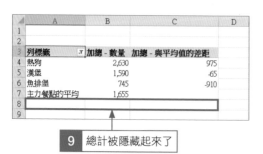

9 總計被隱藏起來了

Memo

隱藏總計

新增**計算項目**後，顯示的總計會包含**計算項目**的合計結果。這裡顯示的總計結果包含 3 項主力商品的平均值，而非所有商品的銷售數量合計。因此新增**計算項目**時，請將**總計**隱藏。

第 **6** 章

顯示分析結果

設定樣式

樞紐分析表的整體外觀樣式，只要選擇 Excel 提供的「樞紐分析表樣式」中的樣式就能變更。此例將選擇「淺色」樣式。

通常表格都會以手動方式設定儲存格色彩或繪製框線，但使用**樞紐分析表樣式**的話，就能從清單中透過選擇的方式統一設定整個表格的外觀。與**樞紐分析表樣式選項**合併設定的話，可以變更成每隔一列就套用底色等樣式。

Before

剛編輯完成的樞紐分析表，會以預設的樣式顯示

After

套用**淺色**樞紐分析表樣式後，整個表格會以**淺色**樣式呈現

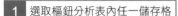

① 變更樣式

| 1 | 選取樞紐分析表內任一儲存格 | | 2 | 切換至**設計**頁次 |

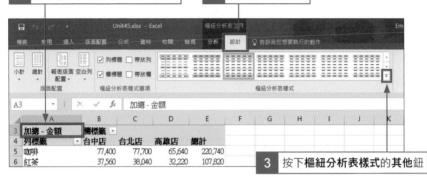

| 3 | 按下**樞紐分析表樣式**的**其他**鈕 |

| 4 | 選擇要套用的樣式 |

| 5 | 變更成指定的樣式了 |

▲	A	B	C	D	E
1					
2					
3	加總 - 金額	欄標籤 ▼			
4	列標籤 ▼	台中店	台北店	高雄店	總計
5	咖啡	77,400	77,700	65,640	220,740
6	紅茶	37,560	38,040	32,220	107,820
7	綜合水果汁	14,140	14,630	11,620	40,390
8	綜合蔬果汁		26,530	21,770	48,300
9	起士蛋糕	45,120	44,560	37,360	127,040
10	香草冰淇淋	45,920	46,130	37,660	129,710
11	熱狗	74,480	74,400	61,520	210,400
12	辣醬熱狗	41,360	42,020	34,540	117,920
13	漢堡	44,720	45,120	37,360	127,200
14	魚排堡	33,210	33,840		67,050
15	活力熱狗早餐組	85,050	86,400	69,900	241,350
16	元氣熱狗中餐組	542,400	547,400	452,800	1,542,600
17	元氣漢堡中餐組	237,800	238,600	200,800	677,200
18	總計	1,279,160	1,315,370	1,063,190	3,657,720
19					

Hint

套用間隔變化的底色

在步驟 **4** 後，勾選**設計**頁次中的**帶狀列**後，每間隔一列就會填滿相互不同的底色。

Hint

清除樣式

想要清除套用在樞紐分析表中的樣式時，可以在步驟 **4** 中選單的最下方選擇**清除**。另外，選擇**淺色**群組中的**無**，也能清除樣式。

設定版面配置

在樞紐分析表的版面配置中，有「以壓縮模式」、「以大綱模式」、「以列表方式」3個類型，只要點選就能套用。此例將套用「以列表方式」類型。

報表版面配置是在**列**區域中配置多個欄位時，用來設定其顯示方式的功能。**以壓縮模式**是在同一欄中顯示多個欄位項目；**以大綱模式**或**以列表方式**則會顯示在不同欄位中。

●以壓縮模式

	A	B
1		
2		
3	列標籤 ▼	加總 - 金額
4	⊟台中店	
5	甜點	91,040
6	組合餐	865,250
7	飲料	129,100
8	餐點	193,770
9	台中店 合計	1,279,160
10	⊟台北店	
11	甜點	90,690
12	組合餐	872,400
13	飲料	156,900
14	餐點	195,380
15	台北店 合計	1,315,370
16	⊟高雄店	
17	甜點	75,020
18	組合餐	723,500
19	飲料	131,250
20	餐點	133,420
21	高雄店 合計	1,063,190
22	總計	3,657,720
23		

即使在**列**區域配置多個欄位，也會在同一欄中顯示多個欄位項目。是建立樞紐分析表後，預設的版面配置

●以大綱模式

	A	B	C
1			
2			
3	店名 ▼	分類 ▼	加總 - 金額
4	⊟台中店		1,279,160
5		甜點	91,040
6		組合餐	865,250
7		飲料	129,100
8		餐點	193,770
9	⊟台北店		1,315,370
10		甜點	90,690
11		組合餐	872,400
12		飲料	156,900
13		餐點	195,380
14	⊟高雄店		1,063,190
15		甜點	75,020
16		組合餐	723,500
17		飲料	131,250
18		餐點	133,420
19	總計		3,657,720
20			

在**列**區域配置多個欄位後，會在多欄中將欄位項目分開顯示

●以列表方式

	A	B	C
1			
2			
3	店名 ▼	分類 ▼	加總 - 金額
4	⊟台中店	甜點	91,040
5		組合餐	865,250
6		飲料	129,100
7		餐點	193,770
8	台中店 合計		1,279,160
9	⊟台北店	甜點	90,690
10		組合餐	872,400
11		飲料	156,900
12		餐點	195,380
13	台北店 合計		1,315,370
14	⊟高雄店	甜點	75,020
15		組合餐	723,500
16		飲料	131,250
17		餐點	133,420
18	高雄店 合計		1,063,190
19	總計		3,657,720
20			

在**列**區域配置多個欄位後，上階層的項目與下階層的項目會顯示在同一列。是與一般表格樣式較接近的版面配置

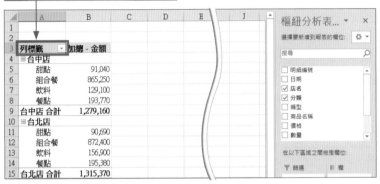

① 變更「報表版面配置」

此例將把報表版面配置從**壓縮模式**變更成**列表方式**

1 選取樞紐分析表內任一儲存格

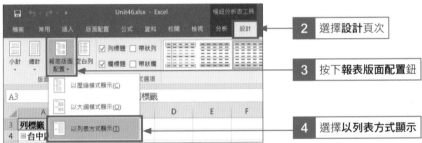

2 選擇**設計**頁次

3 按下**報表版面配置**鈕

4 選擇以列表方式顯示

5 報表版面配置方式變更了

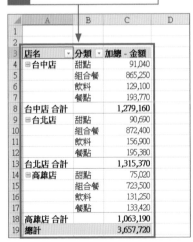

Hint

版面配置沒有變更

當**列**區域（Excel 2010 為**列標籤**區域）中只配置一個欄位時，即使變更版面配置後，配置方式也不會有太大改變。

StepUp

重複顯示項目

將報表版面配置設定成**以大綱模式顯示**或**以列表方式顯示**時，在執行步驟 **4** 後，再按下**報表版面配置**鈕，然後選擇**重複所有項目標籤**，在各分類名稱前面就會重複顯示分店名稱。

Unit **47**

在樞紐分析表的空白儲存格中顯示「0」

在樞紐分析表中，沒有計算結果的儲存格會以空白顯示。空白儲存格的顯示內容，可以在「樞紐分析表選項」交談窗中設定。此例將顯示為「0」。

各分店銷售商品不盡相同，未銷售商品的合計結果就會是空白。像這種情況，當原始資料清單中沒有內容時，顯示合計結果的儲存格就會為空白。透過**樞紐分析表選項**交談窗，可以將空白儲存格的顯示內容設定成「0」或「無此筆資料」等文字。

Before

依照各不同分店，未銷售商品的合計結果儲存格會以空白顯示

After

在空白的合計結果儲存格中顯示「0」

① 在空白儲存格中顯示「0」

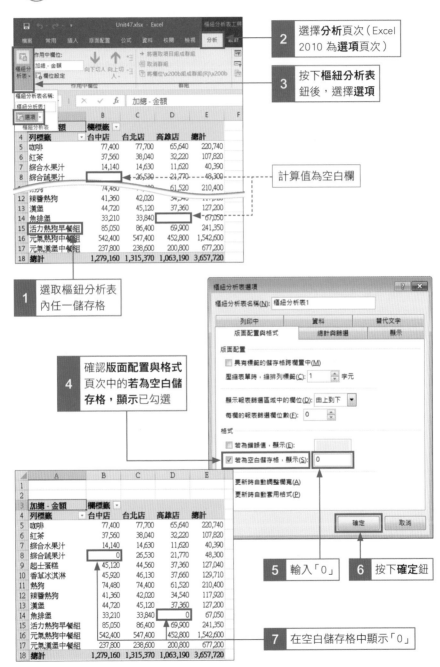

2 選擇**分析**頁次（Excel 2010 為**選項**頁次）

3 按下**樞紐分析表**鈕後，選擇**選項**

計算值為空白欄

1 選取樞紐分析表內任一儲存格

4 確認**版面配置與格式**頁次中的**若為空白儲存格，顯示**已勾選

5 輸入「0」

6 按下**確定**鈕

7 在空白儲存格中顯示「0」

切換總計的顯示與隱藏

插入樞紐分析表後，會自動在欄與列中顯示總計。是否要顯示總計，可以在「設計」頁次中設定。此例將隱藏欄與列的總計。

總計有總計欄與總計列，顯示方式則有**關閉列與欄**、**開啟列與欄**、**僅開啟列**、**僅開啟欄** 4 種。選擇**僅開啟列**後，只會顯示右邊的總計；選擇**僅開啟欄**，則會顯示下方的總計。

Before

▲	A	B	C	D	E	F
1						
2						
3	加總 - 金額	欄標籤 ▾				
4	列標籤 ▾	台中店	台北店	高雄店	總計	
5	甜點	91,040	90,690	75,020	256,750	
6	組合餐	865,250	872,400	723,500	2,461,150	
7	飲料	129,100	156,900	131,250	417,250	
8	餐點	193,770	195,380	133,420	522,570	
9	總計	1,279,160	1,315,370	1,063,190	3,657,720	
10						

插入樞紐分析表後，右邊會顯示各分類列的總計，
最下列則會顯示各分店欄的總計

After

▲	A	B	C	D	E
1					
2					
3	加總 - 金額	欄標籤 ▾			
4	列標籤 ▾	台中店	台北店	高雄店	
5	甜點	91,040	90,690	75,020	
6	組合餐	865,250	872,400	723,500	
7	飲料	129,100	156,900	131,250	
8	餐點	193,770	195,380	133,420	
9					

此例將列總計與欄總計皆隱藏起來

① 隱藏總計

在此要隱藏欄與列的加總

1 選取樞紐分析表內任一儲存格

2 選擇**設計**頁次

3 按下**總計**鈕

4 選擇**關閉列與欄**

5 列與欄的加總被隱藏了

Memo

再次顯示總計

若要再次顯示總計，先按下**設計**頁次中的**總計**鈕，然後從選單中選擇**開啟列與欄**。

Hint

利用圖示了解總計的位置

按下**設計**頁次中的**總計**鈕，然後仔細看選單中的圖示，則可以發現總計的位置以藍色強調顯示。覺得困惑時，可以參考顯示的圖示。

關閉列與欄(<u>F</u>)

開啟列與欄(<u>N</u>)

僅開啟列(<u>R</u>)

僅開啟欄(<u>C</u>)

切換小計的顯示與隱藏

製作有層級的樞紐分析表時，會顯示層級（群組）的小計結果。此例將變更小計的顯示與隱藏，將所有層級的小計隱藏起來。

在**列**區域或**欄**區域中配置多個欄位時，各個最初層級（群組）的小計會以粗體方式顯示在下方。從**小計**選單中選擇**不要顯示小計**後，所有的小計都會被隱藏，選擇**在群組的頂端顯示所有小計**後，小計會以粗體方式顯示在上方。

Before

	A	B	C
1			
2			
3	列標籤 ▼	加總 - 金額	
4	⊟甜點		
5	⊟冰淇淋		
6	香草冰淇淋	129,710	
7	冰淇淋 合計	129,710	
8	⊟蛋糕		
9	起士蛋糕	127,040	
10	蛋糕 合計	127,040	
11	甜點 合計	256,750	
12	⊟組合餐		
13	⊟中餐組合		
14	元氣熱狗中餐組	1,542,600	
15	元氣漢堡中餐組	677,200	
16	中餐組合 合計	2,219,800	
17	⊟早餐組合		
18	活力熱狗早餐組	241,350	
19	早餐組合 合計	241,350	
20	組合餐 合計	2,461,150	
21	⊟飲料		
22	⊟冰飲		

在**列**區域中配置**分類**、**類型**、**商品名稱** 3 欄位後，顯示各分類的小計與各類型的小計

After

將分類小計及類型小計隱藏後，只顯示各商品的加總結果

① 將小計隱藏

1 選取樞紐分析表內任一儲存格

2 切換到**設計**頁次

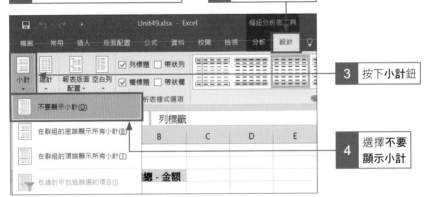

3 按下**小計**鈕

不要顯示小計(D)

在群組的底端顯示所有小計(B)

在群組的頂端顯示所有小計(T)

在總計中包括篩選的項目(I)

列標籤

4 選擇**不要顯示小計**

加總 - 金額

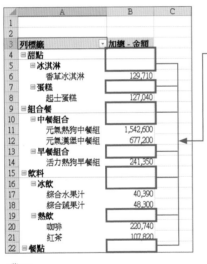

	A	B	C
1			
2			
3	列標籤	加總 - 金額	
4	⊟甜點		
5	⊟冰淇淋		
6	香草冰淇淋	129,710	
7	⊟蛋糕		
8	起士蛋糕	127,040	
9	⊟組合餐		
10	⊟中餐組合		
11	元氣熱狗中餐組	1,542,600	
12	元氣漢堡中餐組	677,200	
13	⊟早餐組合		
14	活力熱狗早餐組	241,350	
15	⊟飲料		
16	⊟冰飲		
17	綜合水果汁	40,390	
18	綜合蔬果汁	48,300	
19	⊟熱飲		
20	咖啡	220,740	
21	紅茶	107,820	
22	⊟餐點		

5 小計被隱藏了

Hint

折疊欄位後，將會再次顯示小計

即使設定**不要顯示小計**，但將欄位折疊後，仍會自動顯示各群組的小計。例如按下**甜點**前的 ⊟ 後，就會顯示**甜點**的小計。

Hint

在群組上方顯示小計

報表版面配置套用**以壓縮模式**、**以大綱模式**的情況下，在步驟 **3** 中選擇**在群組的頂端顯示所有小計**後，小計就會顯示在群組上方。

	A	B	C
1			
2			
3	列標籤	加總 - 金額	
4	⊟甜點	256,750	
5	⊟冰淇淋	129,710	
6	香草冰淇淋	129,710	
7	⊟蛋糕	127,040	
8	起士蛋糕	127,040	
9	⊟組合餐	2,461,150	
10	⊟中餐組合	2,219,800	
11	元氣熱狗中餐組	1,542,600	
12	元氣漢堡中餐組	677,200	
13	⊟早餐組合	241,350	
14	活力熱狗早餐組	241,350	
15	⊟飲料	417,250	

在所有頁面顯示列標題後再列印

樞紐分析表和其他表格或圖表一樣,可以**列印**。當樞紐分析表的表格較長時,可以設定從第 2 頁開始列印列標題。

我們也可以將樞紐分析表的計算結果列印出來。當樞紐分析表必須列印成多張時,勾選**樞紐分析表選項**交談窗中的**設定列印標題**後,從第 2 頁開始,就會一併列印出標題了。

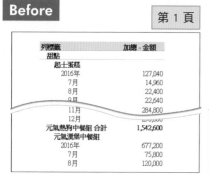

Before

第 1 頁		第 2 頁	
列標籤	加總 - 金額	9月	106,600
甜點		10月	128,200
起士蛋糕		11月	125,800
2016年	127,040	12月	120,800
7月	14,960	元氣漢堡中餐組 合計	677,200
8月	22,400	組合餐 合計	2,461,150
9月	22,640		
11月	284,800	10月	8,750
12月		11月	
元氣熱狗中餐組 合計	1,542,600	12月	8,610
元氣漢堡中餐組		綜合蔬果汁 合計	48,300
2016年	677,200	飲料 合計	417,250
7月	75,800	餐點	
8月	120,000	熱狗	

顯示樞紐分析表的預覽列印後,會發現第 1 頁顯示標題,但第 2 頁卻沒有顯示

After

第 1 頁		第 2 頁	
列標籤	加總 - 金額	列標籤	加總 - 金額
甜點		組合餐	
起士蛋糕		活力熱狗早餐組	
2016年	127,040	2016年	241,350
7月	14,960	7月	28,800
	22,400		43,500
10月		12月	
11月	21,070	元氣熱狗中餐組 合計	1,542,600
12月	19,670	元氣漢堡中餐組	
香草冰淇淋 合計	129,710	2016年	677,200
甜點 合計	256,750	7月	75,800

在所有頁面顯示標題後,第 2 頁起就會顯示標題了

① 設定列印標題

1 選取樞紐分析表內任一儲存格   **2** 切換至**分析**頁次（Excel 2010 為**選項**頁次）

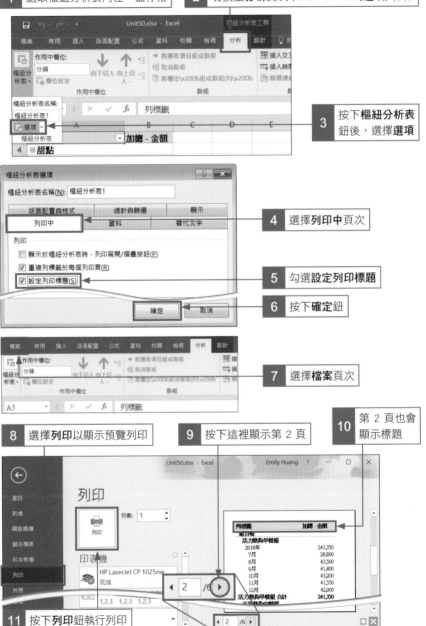

3 按下**樞紐分析表**鈕後，選擇**選項**

4 選擇**列印中**頁次

5 勾選**設定列印標題**

6 按下**確定**鈕

7 選擇**檔案**頁次

8 選擇**列印**以顯示預覽列印

9 按下這裡顯示第 2 頁

10 第 2 頁也會顯示標題

11 按下**列印**鈕執行列印

第 **6** 章

顯示分析結果

6-13

Unit **51**

將各分類分別列印在不同頁面

列印大型的樞紐分析表時，資料從中間被分成不同頁面顯示，將會降低資料的完整性。
此例要把配置在列區域的「分類」，以換頁方式列印。

我們可以在適合將資料做區分的地方指定成分頁的位置。要依各**分類**來分頁時，先
選擇**分類**後，再執行分頁的設定。分頁後，為了讓第 2 頁之後的頁面也能顯示標
題，因此要執行 Unit 50 介紹的**設定列印標題**。

Before

第 1 頁

列標籤	加總 - 金額
甜點	
起士蛋糕	
2016年	127,040
7月	14,960
8月	22,400
9月	22,640
11月	284,800
12月	
元氣熱狗中餐組 合計	1,542,600
元氣漢堡中餐組	
2016年	677,200
7月	75,800
8月	120,000

第 2 頁

列標籤	加總 - 金額
9月	106,600
10月	128,200
11月	125,800
12月	120,800
元氣漢堡中餐組 合計	677,200
組合餐 合計	2,461,150
9月	8,400
10月	
11月	8,330
12月	8,610
綜合蔬果汁 合計	48,300
飲料 合計	417,250
餐點	

從預覽列印中可得知，分類的**組合餐**資料被分成 2 頁顯示，部分資料內容會落在
下一頁

After

第 1 頁

列標籤	加總 - 金額
甜點	
起士蛋糕	
2016年	127,040
7月	14,960
8月	22,400
9月	22,640
10月	22,480
11月	22,080
12月	22,480
起士蛋糕 合計	127,040
香草冰淇淋	
2016年	129,710
7月	16,380
8月	30,800

第 2 頁

列標籤	加總 - 金額
組合餐	
活力熱狗早餐組	
2016年	241,350
7月	28,800
8月	43,500
9月	41,400
10月	43,200
11月	41,550
12月	42,900
活力熱狗早餐組 合計	241,350
元氣熱狗中餐組	
2016年	1,542,600
7月	186,200
8月	267,600

設定成依**分類**來分頁後，**甜點**的合計結果之後的資料被分到下一頁，第 2 頁則從
組合餐的分類開始顯示

① 設定列印標題

此例將在所有頁面
顯示各分店的名稱

利用 Unit 50 說明的操作，勾選**設定列印標題**，以事先設定列印標題

② 指定依各分類來分頁

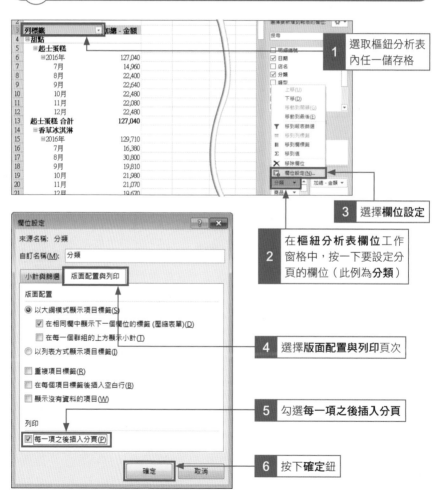

1 選取樞紐分析表內任一儲存格

3 選擇**欄位設定**

2 在**樞紐分析表欄位**工作窗格中，按一下要設定分頁的欄位（此例為**分類**）

4 選擇**版面配置與列印**頁次

5 勾選**每一項之後插入分頁**

6 按下**確定**鈕

7　選擇**檔案**頁次

8　選擇**列印**以顯示預覽列印

9　顯示第 1 頁，可以確認**甜點**分類之後，其它資料已自動分頁

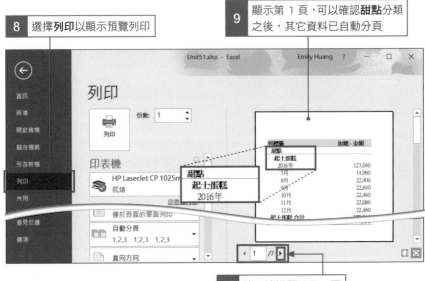

10　按下這裡顯示下一頁

12　按下**列印**鈕，執行列印

11　顯示第 2 頁。在**組合餐**之後執行分頁

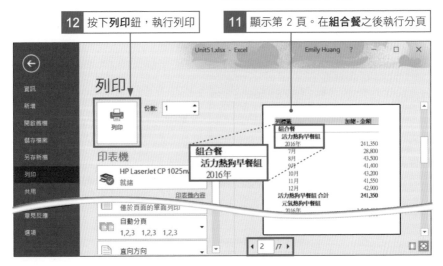

第 **7** 章

繪製樞紐分析圖

何謂樞紐分析圖？

所謂的樞紐分析圖，是指將樞紐分析表中的計算結果圖表化。繪製成圖表後，數值的整個發展趨勢只要看一眼就能立即掌握，例如資料的大小、趨勢及比例等。

樞紐分析圖是以樞紐分析表為原始資料來源繪製而成的圖表。樞紐分析圖會與樞紐分析表相連結，因此當改變樞紐分析表的版面配置後，樞紐分析圖也會跟著改變。另外，在樞紐分析表中也能將欄位交換、顯示篩選後的資料。

Before

想將樞紐分析表的計算結果圖表化

After

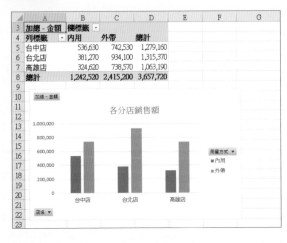

繪製**群組直條圖**後，銷售金額以高度來表示，立即可看出金額的高低

① 樞紐分析圖的特徵

● 基本的樞紐分析圖

只要選擇圖表類型，就能將樞紐分析表繪製成樞紐分析圖。此例將各分類在各分店中的銷售金額繪製成**群組直條圖**（參照 Unit 54）

● 變換欄位後的樞紐分析圖

交換配置在樞紐分析圖各區域的欄位後，就能從別的觀點來查看圖表。此例把圖表變更成顯示各分店用餐方式的銷售合計（參照 Unit 56）

● 顯示篩選資料後的樞紐分析圖

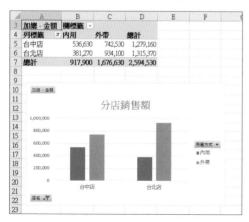

篩選顯示在圖表中的資料。此例將從**台中店**、**台北店**、**高雄店**中，篩選出**台中店**、**台北店**的資料（參照 Unit 57）

Unit 53

認識樞紐分析圖的各項目名稱

在**樞紐分析圖欄位工作窗格**中,可以**指定樞紐分析圖顯示的內容**,而構成樞紐分析圖的項目,要透過**樞紐分析圖工具**中的 **3** 個頁次來編輯。

1 樞紐分析圖的項目名稱與功能

樞紐分析圖工具
選擇樞鈕分析圖時,就會顯示的頁次。Excel 2016 中有**分析**、**設計**、**格式** 3 個頁次

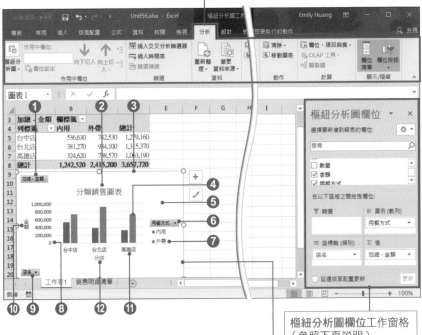

樞紐分析圖欄位工作窗格
(參照下頁說明)

樞紐分析圖
將樞紐分析表的內容圖表化

1 值欄位按鈕
2 圖表標題
3 圖表區
4 資料數列
5 繪圖區
6 圖例欄位按鈕
7 圖例
8 垂直(數值)軸
9 座標軸欄位按鈕
10 垂直(數值)軸標題
11 水平(類別)軸
12 水平(類別)軸標題

② 「樞紐分析圖欄位」工作窗格的名稱與功能

欄位區
顯示原始資料清單的欄位名稱一覽表

篩選標示
顯示套用篩選的欄位

版面配置區
由**篩選**、**圖例（數列）**、**座標軸（類別）**、**值** 4 個區域所構成

第 **7** 章 繪製樞紐分析圖

Memo

Excel 2010 的版本

右表列出 Excel 2016 與 Excel 2010 中版面配置區的 4 個區域名稱：

Excel 2016	Excel 2010
篩選區域	**報表篩選**區域
圖例（數列）區域	**圖例欄位（數列）**區域
座標軸（類別）區域	**座標軸欄位（類別）**區域
值區域	**值**區域

Memo

Excel 2010 的樞紐分析圖工具

在 Excel 2010 中選擇樞紐分析圖後，就會顯示**設計**、**版面配置**、**格式**、**分析** 4 個頁次。

7-5

繪製樞紐分析圖

將各分類在各分店的銷售金額合計的樞紐分析表當成資料來源,繪製群組直條圖。
此例將介紹繪製樞紐分析圖的操作步驟。

樞紐分析圖只要 2 個步驟就能在瞬間繪製完成。請先選取樞紐分析表內任一儲存
格,然後再選擇圖表的種類即可。繪製好的樞紐分析圖,不會顯示圖表標題。若需
要,可在之後自行新增圖表標題,讓圖表看起來更完整。

Before

想將樞紐分析表的計算
結果繪製成樞紐分析圖

After

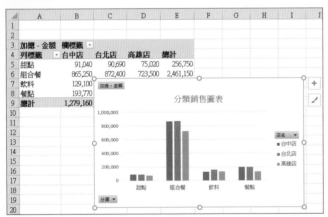

繪製樞紐分析圖後,**列**區域的欄位會顯示為圖表的水平軸;**欄**區域
的欄位則顯示為圖表的圖例

① 繪製群組直條圖

此例將繪製顯示各分類在各分店的銷售金額合計之樞紐分析圖

1 選取樞紐分析表內任一儲存格　　**2** 切換至**分析**頁次（Excel 2010 為**選項**頁次）

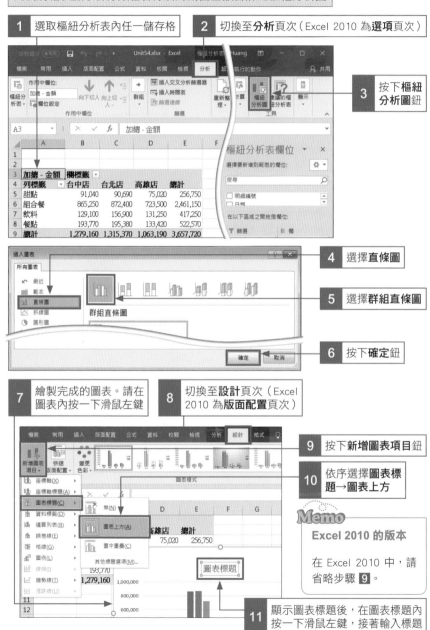

3 按下**樞紐分析圖**鈕

加總 - 金額	欄標籤			
列標籤	台中店	台北店	高雄店	總計
甜點	91,040	90,690	75,020	256,750
組合餐	865,250	872,400	723,500	2,461,150
飲料	129,100	156,900	131,250	417,250
餐點	193,770	195,380	133,420	522,570
總計	1,279,160	1,315,370	1,063,190	3,657,720

4 選擇直條圖

5 選擇**群組直條圖**

6 按下**確定**鈕

7 繪製完成的圖表。請在圖表內按一下滑鼠左鍵

8 切換至**設計**頁次（Excel 2010 為**版面配置**頁次）

9 按下**新增圖表項目**鈕

10 依序選擇圖表標題→圖表上方

Memo

Excel 2010 的版本

在 Excel 2010 中，請省略步驟 **9**。

11 顯示圖表標題後，在圖表標題內按一下滑鼠左鍵，接著輸入標題

第 **7** 章　繪製樞紐分析圖

變更圖表位置與大小

繪製完成的樞紐分析圖會與樞紐分析表相互重疊。此例將把樞紐分析圖移動到樞紐分析表的**下方**,並縮小樞紐分析圖至適當的大小。

要移動樞紐分析圖時,請拉曳圖表外框,即可將圖表移到想要顯示的位置,或是拉曳圖表中的空白區域也能移動圖表。若要變更樞紐分析圖的大小,只要拉曳圖表框線上的任一控點即可。

Before

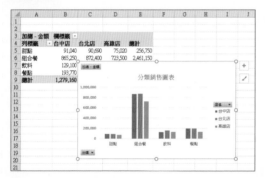

繪製好的樞紐分析圖,常會與樞紐分析表重疊顯示

After

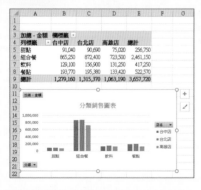

只要拉曳位置、調整大小,就可以讓樞紐分析圖與樞紐分析表上下整齊並排

變更樞紐分析圖的位置與大小

此例將把樞紐分析圖移動到樞紐分析表的下方

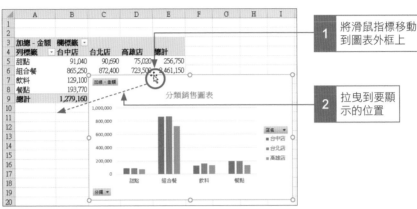

1 將滑鼠指標移動到圖表外框上

2 拉曳到要顯示的位置

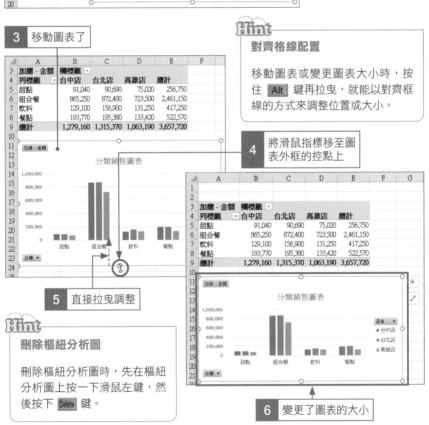

3 移動圖表了

4 將滑鼠指標移至圖表外框的控點上

5 直接拉曳調整

6 變更了圖表的大小

Hint

對齊格線配置

移動圖表或變更圖表大小時，按住 Alt 鍵再拉曳，就能以對齊框線的方式來調整位置或大小。

Hint

刪除樞紐分析圖

刪除樞紐分析圖時，先在樞紐分析圖上按一下滑鼠左鍵，然後按下 Delete 鍵。

Unit **56**

替換圖表欄位

將樞紐分析圖的欄位替換後，圖表會跟著改變。此例將把各分類在各分店的銷售圖表欄位，替換成各分店用餐方式的銷售圖。

要替換樞紐分析圖中的欄位時，可以在**篩選**區域、**圖例（數列）**區域、**座標軸（類別）**區域、**值**區域變更欄位。替換樞紐分析圖中的欄位後，樞紐分析圖的版面配置也會跟著改變。

Before

替換顯示各分類在各分店的銷售圖表欄位

After

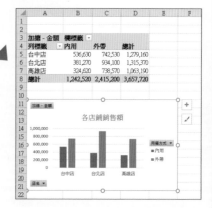

變成顯示各分店用餐方式的銷售額。欄位替換的同時，樞紐分析圖的版面配置也會跟著變更

① 刪除欄位

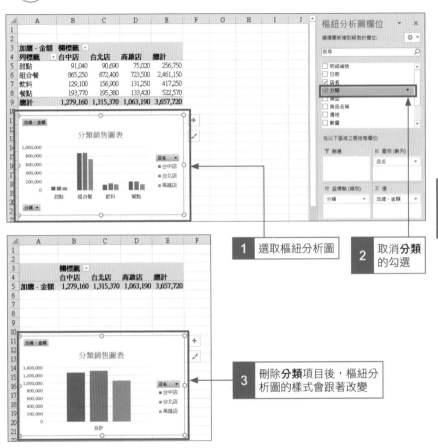

1 選取樞紐分析圖

2 取消**分類**的勾選

3 刪除**分類**項目後，樞紐分析圖的樣式會跟著改變

Memo

變成樞紐分析圖專用的區域名稱

選擇樞紐分析圖後，**版面配置**區的 4 個區域名稱會自動變化成圖表專用的名稱。選取樞紐分析表內任一儲存格後，又會自動切換成樞紐分析表的 4 個專用區域名稱。

樞紐分析圖	樞紐分析表
篩選區域 (Excel 2010 為**報表篩選**區域)	**篩選**區域 (Excel 2010 為**報表篩選**區域)
圖例 (數列) 區域 (Excel 2010 為**圖表欄位 (數列)** 區域)	**欄**區域 (Excel 2010 為**欄標籤**區域)
座標軸 (類別) 區域 (Excel 2010 為**座標軸欄位 (類別)** 區域)	**列**區域 (Excel 2010 為**列標籤**區域)
值區域 (Excel 2010 為**值**區域)	**值**區域 (Excel 2010 為**值**區域)

② 移動欄位

1 將**圖例（數列）**區域（Excel 2010 為**欄標籤**區域）中的**店名**拉曳到**座標軸（類別）**區域（Excel 2010 為**列標籤**區域）

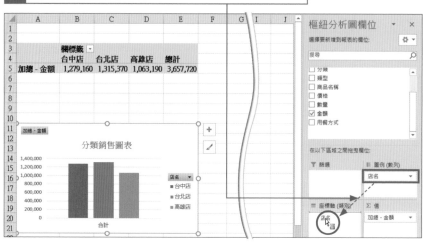

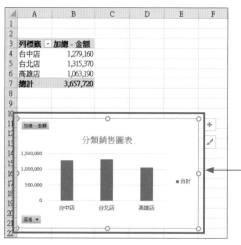

2 店名會顯示在座標軸，樞紐分析圖的樣式會跟著改變

Hint

可以用與樞紐分析表相同的操作方法

在樞紐分析圖的版面配置區中進行編輯時，只有區域名稱與樞紐分析表不同，但可以用相同的方法來編輯。例如，想要刪除特定區域的欄位名稱時，除了利用上一頁說明的操作方法外，也可以透過 P.2-13 說明的方法直接拉曳；要將欄位移動到其他區域時，可以利用 P.2-14 說明的方法，直接從選單來執行。

③ 新增欄位

1 將滑鼠指標移至**樞紐分析圖欄位**工作窗格中的**用餐方式**上

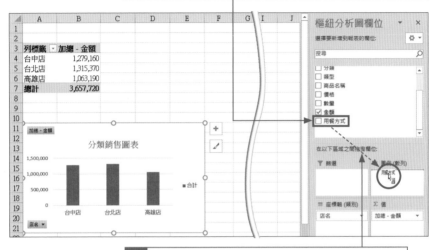

2 拉曳到**圖例（數列）**區域（Excel 2010 為**欄標籤**區域）

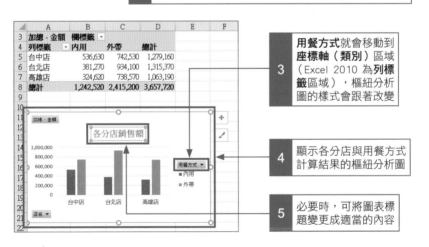

3 **用餐方式**就會移動到**座標軸（類別）**區域（Excel 2010 為**列標籤**區域），樞紐分析圖的樣式會跟著改變

4 顯示各分店與用餐方式計算結果的樞紐分析圖

5 必要時，可將圖表標題變更成適當的內容

Memo

樞紐分析表也會跟著改變

替換樞紐分析圖的欄位時，樞紐分析表的版面配置也會跟著變化。此例將配置在**列**區域（Excel 2010 為**列標籤**區域）的**分類**替換成**店名**，將配置在**欄**區域（Excel 2010 為**欄標籤**區域）的**店名**替換成**用餐方式**。

第 **7** 章 繪製樞紐分析圖

篩選顯示在圖表中的資料

樞紐分析圖中顯示的項目，可以在樞紐分析圖中進行篩選。此例將從配置在座標軸（類別）區域的店名欄位中篩選出特定的分店資料。

想要篩選顯示在樞紐分析圖中的項目時，要使用樞紐分析圖中的欄位鈕。只勾選想要顯示在樞紐分析圖中的項目後，圖表就能在瞬間變化。另外，與樞紐分析表的篩選相同，也可以指定**標籤篩選**等條件。

Before

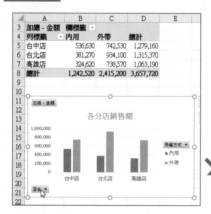

水平（類別）軸中顯示 3 分店的店名。
想在樞紐分析圖中只篩選出**台北店**、
台中店的資料

After

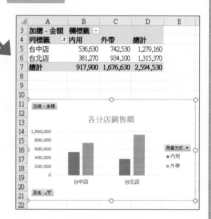

利用**店名**的欄位鈕選擇要顯示的項目
後，只顯示**台北店**、**台中店**的樞紐分
析表

此例將從分店清單中篩選出**台北店**、**台中店**

1 按下**店名**欄位鈕

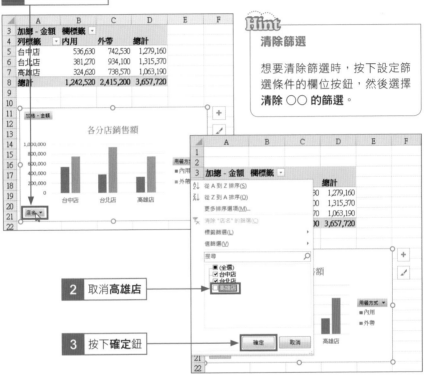

Hint

清除篩選

想要清除篩選時,按下設定篩選條件的欄位按鈕,然後選擇**清除 ○○ 的篩選**。

2 取消**高雄店**

3 按下**確定**鈕

4 樞紐分析圖中只顯示**台北店**、**台中店**

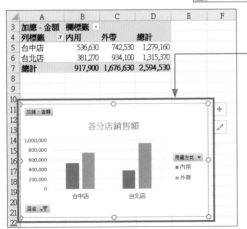

Memo

標籤篩選

從步驟 **2** 選單的**標籤篩選**中選擇**等於**或**包含**等,可以篩選出指定的關鍵字。**標籤篩選**的操作,請參照 Unit 27。

Unit 58

變更圖表類型

樞紐分析圖可以在繪製之後再依需要變更圖表的類型。此例要將顯示每月各分店銷售金額的群組直條圖變更成折線圖。

繪製圖表時，要比較數值大小的話，可以使用「直條圖」；顯示數值發展趨勢的話，則可以使用「折線圖」；顯示數值比例時，則可以使用「圓形圖」。依照目的的不同來選擇圖表類型是很重要的，選錯圖表類型的話，將無法以圖表來傳達正確的訊息。

Before

將**群組直條圖**變更成可以輕鬆掌握銷售趨勢的**折線圖**

After

變更成**折線圖**後，可依照線的傾斜度來掌握數值的變化

① 變更圖表類型

此例將把**直條圖**變更成**折線圖**

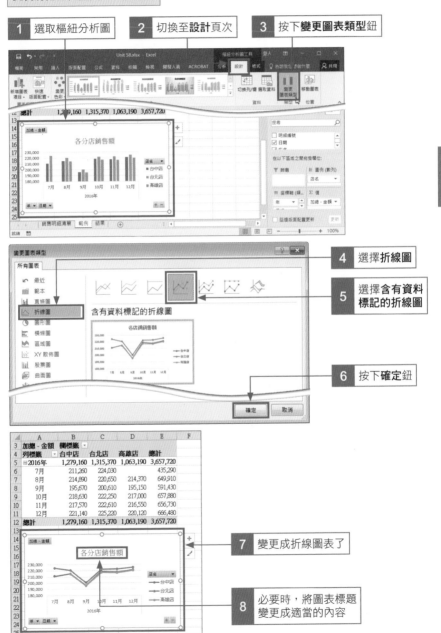

1 選取樞紐分析圖

2 切換至**設計**頁次

3 按下**變更圖表類型**鈕

4 選擇**折線圖**

5 選擇**含有資料標記的折線圖**

6 按下**確定**鈕

7 變更成折線圖表了

8 必要時,將圖表標題變更成適當的內容

含有資料標記的折線圖

加總 - 金額	欄標籤			
列標籤	台中店	台北店	高雄店	總計
⊟2016年	1,279,160	1,315,370	1,063,190	3,657,720
7月	211,260	224,030		435,290
8月	214,890	220,650	214,370	649,910
9月	195,670	200,610	195,150	591,430
10月	218,630	222,250	217,000	657,880
11月	217,570	222,610	216,550	656,730
12月	221,140	225,220	220,120	666,480
總計	1,279,160	1,315,370	1,063,190	3,657,720

第 **7** 章　繪製樞紐分析圖

7-17

Unit 59

變更圖表樣式

要整合設計樞紐分析圖表時，可以變更「圖表樣式」。只要選擇圖表樣式，就能完整變更背景色、直條圖的設計等。

1 選擇樣式

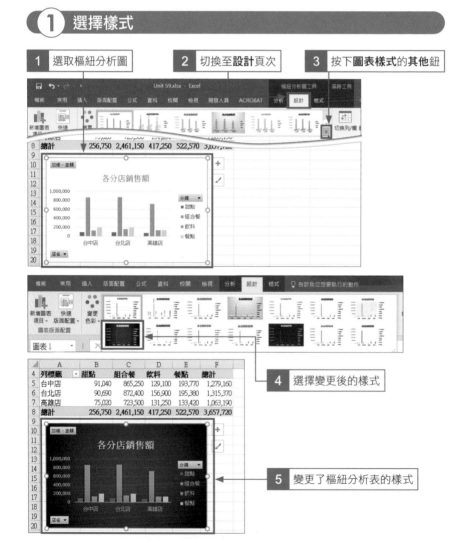

1 選取樞紐分析圖

2 切換至**設計**頁次

3 按下**圖表樣式**的**其他**鈕

4 選擇變更後的樣式

5 變更了樞紐分析表的樣式

附錄 **A**

製作樞紐分析表前的 Q&A

Appendix **01**

利用取代功能刪除
儲存格內的空白

開啟在其他軟體中建立的文字檔案後，有時會顯示多餘的空白，可利用**取代**功能將儲存格內的空白（商品名稱前後的空白或文字間的空白）刪除。

① 取代空白文字

商品名稱中有些儲存格含多餘的空白

1 選擇任一儲存格	**2** 切換到**常用**頁次

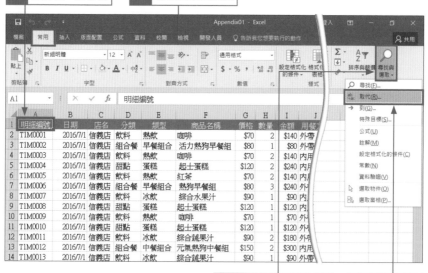

		3 按下**尋找與選取**鈕	**4** 選擇**取代**

5 按下**選項**鈕

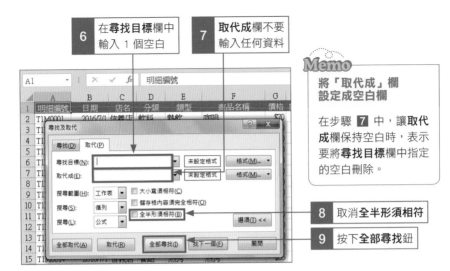

6 在**尋找目標**欄中
輸入 1 個空白

7 **取代成**欄不要
輸入任何資料

Memo

**將「取代成」欄
設定成空白欄**

在步驟 **7** 中,讓**取代
成**欄保持空白時,表示
要將**尋找目標**欄中指定
的空白刪除。

8 取消**全半形須相符**

9 按下**全部尋找**鈕

11 按下**全部取代**鈕

10 確認尋找出來的資料

12 按下**確定**鈕

Hint

逐步取代

在步驟 **9** 中,除了按下**全部尋找**鈕外,也
可以按**找下一個**鈕,一筆一筆確認搜尋到的
結果資料,再決定是否要取代。

13 回到**尋找及取代**交談窗後,按下**關閉**鈕

利用函數刪除儲存格內
多餘的空白

除了上一單元介紹的取代功能外，也可以利用函數來刪除多餘的空白。透過 TRIM 函數可以在儲存格內文字與文字間留下一個空白，然後將其他的空白全部刪除。

1 利用 TRIM 函數刪除空白

商品名稱中有些儲存格含有多餘的空白

1 在欄編號（此例為「G」）上按下滑鼠右鍵 **2** 選擇**插入**

▲	A	B	C	D	E	F	G	H	I	J	K	L
1	明細編號	日期	店名	分類	類型	商品名稱	傳格	剪下(T)		方式		
2	T1M0001	2016/7/1	信義店	飲料	熱飲	咖啡	$70	複製(C)				
3	T1M0002	2016/7/1	信義店	組合餐	早餐組合	活力熱狗 早餐組	$80	貼上選項：				
4	T1M0003	2016/7/1	信義店	飲料	熱飲	咖啡	$70					
5	T1M0004	2016/7/1	信義店	甜點	蛋糕	起士蛋糕	$120	選擇性貼上(S)...				
6	T1M0005	2016/7/1	信義店	飲料	熱飲	紅茶	$70					
7	T1M0006	2016/7/1	信義店	組合餐	早餐組合	熱狗 早餐組	$80	插入(I)				
8	T1M0007	2016/7/1	信義店	飲料	冰飲	綜合水果汁	$90	刪除(D)				
9	T1M0008	2016/7/1	信義店	甜點	蛋糕	起士蛋糕	$120	清除內容(N)				
10	T1M0009	2016/7/1	信義店	飲料	熱飲	咖啡	$70	儲存格格式(F)...				
11	T1M0010	2016/7/1	信義店	甜點	蛋糕	起士蛋糕	$120	欄寬(W)...				
12	T1M0011	2016/7/1	信義店	飲料	冰飲	綜合蔬果汁	$90	隱藏(H)				
13	T1M0012	2016/7/1	信義店	組合餐	中餐組合	元氣熱狗 中餐組	$150	取消隱藏(U)				
14	T1M0013	2016/7/1	信義店	飲料	冰飲	綜合蔬果汁	$90	1	$90	外帶		
15	T1M0014	2016/7/1	信義店	餐點	熱狗	熱狗	$55	1	$55	外帶		

3 插入新的一欄了 **4** 在儲存格 G1 輸入 " 商品名稱 "

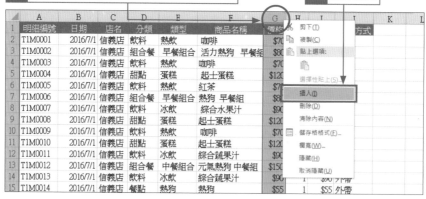

▲	A	B	C	D	E	F	G	H	I	J	K
1	明細編號	日期	店名	分類	類型	商品名稱	商品名稱	價格	數量	金額	用餐方式
2	T1M0001	2016/7/1	信義店	飲料	熱飲	咖啡		$70	2	$140	外帶
3	T1M0002	2016/7/1	信義店	組合餐	早餐組合	活力熱狗 早餐組		$80	1	$80	外帶
4	T1M0003	2016/7/1	信義店	飲料	熱飲	咖啡		$70	2	$140	外帶
5	T1M0004	2016/7/1	信義店	甜點	蛋糕	起士蛋糕		$120	2	$240	內用
6	T1M0005	2016/7/1	信義店	飲料	熱飲	紅茶		$70	2	$140	內用
7	T1M0006	2016/7/1	信義店	組合餐	早餐組合	熱狗 早餐組		$80	3	$240	外帶
8	T1M0007	2016/7/1	信義店	飲料	冰飲	綜合水果汁		$90	1	$90	內用
9	T1M0008	2016/7/1	信義店	甜點	蛋糕	起士蛋糕		$120	1	$120	內用
10	T1M0009	2016/7/1	信義店	飲料	熱飲	咖啡		$70	1	$70	外帶
11	T1M0010	2016/7/1	信義店	甜點	蛋糕	起士蛋糕		$120	1	$120	外帶
12	T1M0011	2016/7/1	信義店	飲料	冰飲	綜合蔬果汁		$90	2	$180	外帶
13	T1M0012	2016/7/1	信義店	組合餐	中餐組合	元氣熱狗 中餐組		$150	2	$300	內用
14	T1M0013	2016/7/1	信義店	飲料	冰飲	綜合蔬果汁		$90	1	$90	外帶
15	T1M0014	2016/7/1	信義店	餐點	熱狗	熱狗		$55	1	$55	外帶

5 在儲存格 G2 中輸入 "=TRIM(F2)"，然後按下 Enter 鍵

	A	B	C	D	E	F	G	H	I	J	K
1	明細編號	日期	店名	分類	類型	商品名稱	商品名稱	價格	數量	金額	用餐方式
2	T1M0001	2016/7/1	信義店	飲料	熱飲	咖啡	=TRIM(F2)	$70	2	$140	外帶
3	T1M0002	2016/7/1	信義店	組合餐	早餐組合	活力熱狗　早餐組		$80	1	$80	外帶
4	T1M0003	2016/7/1	信義店	飲料	熱飲	咖啡		$70	2	$140	內用
5	T1M0004	2016/7/1	信義店	甜點	蛋糕	起士蛋糕		$120	2	$240	內用
6	T1M0005	2016/7/1	信義店	飲料	熱飲	紅茶		$70	2	$140	外帶
7	T1M0006	2016/7/1	信義店	組合餐	早餐組合	熱狗　早餐組		$80	3	$240	外帶
8	T1M0007	2016/7/1	信義店	飲料	冰飲	綜合水果汁		$90	1	$90	內用
9	T1M0008	2016/7/1	信義店	甜點	蛋糕	起士蛋糕		$120	1	$120	內用

6 刪除了**咖啡**前面的空白

7 將滑鼠指標移至儲存格 G2 右下角的填滿控點

	A	B	C	D	E	F	G	H	I	J	K
1	明細編號	日期	店名	分類	類型	商品名稱	商品名稱	價格	數量	金額	用餐方式
2	T1M0001	2016/7/1	信義店	飲料	熱飲	咖啡	咖啡	$70	2	$140	外帶
3	T1M0002	2016/7/1	信義店	組合餐	早餐組合	活力熱狗　早餐組		$80	1	$80	外帶
4	T1M0003	2016/7/1	信義店	飲料	熱飲	咖啡		$70	2	$140	內用
5	T1M0004	2016/7/1	信義店	甜點	蛋糕	起士蛋糕		$120	2	$240	內用
6	T1M0005	2016/7/1	信義店	飲料	熱飲	紅茶		$70	2	$140	外帶
7	T1M0006	2016/7/1	信義店	組合餐	早餐組合	熱狗　早餐組		$80	3	$240	外帶
8	T1M0007	2016/7/1	信義店	飲料	冰飲	綜合水果汁		$90	1	$90	內用
9	T1M0008	2016/7/1	信義店	甜點	蛋糕	起士蛋糕		$120	1	$120	內用

8 拉曳控點將 TRIM 函數複製到清單的最後一列

9 儲存格 G3 的**活力熱狗　早餐組**文字間有多個空白，但只會留下一個空白

	A	B	C	D	E	F	G	H	I	J	K
1	明細編號	日期	店名	分類	類型	商品名稱	商品名稱	價格	數量	金額	用餐方式
2	T1M0001	2016/7/1	信義店	飲料	熱飲	咖啡	咖啡	$70	2	$140	外帶
3	T1M0002	2016/7/1	信義店	組合餐	早餐組合	活力熱狗　早餐組	活力熱狗 早餐組	$80	1	$80	外帶
4	T1M0003	2016/7/1	信義店	飲料	熱飲	咖啡	咖啡	$70	2	$140	內用
5	T1M0004	2016/7/1	信義店	甜點	蛋糕	起士蛋糕	起士蛋糕	$120	2	$240	內用
6	T1M0005	2016/7/1	信義店	飲料	熱飲	紅茶	紅茶	$70	2	$140	內用
7	T1M0006	2016/7/1	信義店	組合餐	早餐組合	熱狗　早餐組	熱狗 早餐組	$80	3	$240	外帶
8	T1M0007	2016/7/1	信義店	飲料	冰飲	綜合水果汁	綜合水果汁	$90	1	$90	內用
9	T1M0008	2016/7/1	信義店	甜點	蛋糕	起士蛋糕	起士蛋糕	$120	1	$120	內用
10	T1M0009	2016/7/1	信義店	飲料	熱飲	咖啡	咖啡	$70	1	$70	外帶
11	T1M0010	2016/7/1	信義店	甜點	蛋糕	起士蛋糕	起士蛋糕	$120	1	$120	外帶
12	T1M0011	2016/7/1	信義店	飲料	冰飲	綜合蔬果汁	綜合蔬果汁	$90	2	$180	外帶
13	T1M0012	2016/7/1	信義店	組合餐	中餐組合	元氣熱狗 中餐組	元氣熱狗 中餐組	$150	2	$300	內用
14	T1M0013	2016/7/1	信義店	飲料	冰飲	綜合蔬果汁	綜合蔬果汁	$90	1	$90	外帶
15	T1M0014	2016/7/1	信義店	餐點	熱狗	熱狗	熱狗	$55	1	$55	外帶

keyword

TRIM 函數

TRIM 函數會將文字與文字間的空白留下 1 個後，刪除剩餘的空白。其格式為 "TRIM(字串)"，可在引數的字串中指定想要刪除空白的儲存格。

利用函數統一全形與半形的文字

樞紐分析表的原始資料來源中,當資料沒有使用一定的規則輸入,將無法合計出正確的資料。此例將使用 **ASC** 函數把「明細編號」的全形英、數字轉換成半形文字。

① 利用 ASC 函數將全形英數字轉換成半形

在 A 欄**明細編號**中有全形與半形的英、數字

| 1 | 在欄編號(此例為「B」)上按下滑鼠右鍵 | | 2 | 選擇**插入** |

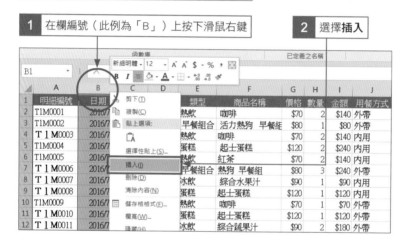

| 3 | 插入了新欄位 | | 4 | 在儲存格 B1 輸入 " 明細編號 " |

	A	B	C	D	E	F	G	H	I	J	K
1	明細編號	明細編號	日期	店名	分類	類型	商品名稱	價格	數量	金額	用餐方式
2	T1M0001		2016/7/1	信義店	飲料	熱飲	咖啡	$70	2	$140	外帶
3	T1M0002		2016/7/1	信義店	組合餐	早餐組合	活力熱狗 早餐組	$80	1	$80	外帶
4	Ｔ１Ｍ0003		2016/7/1	信義店	飲料	熱飲	咖啡	$70	2	$140	內用
5	T1M0004		2016/7/1	信義店	甜點	蛋糕	起士蛋糕	$120	2	$240	內用
6	T1M0005		2016/7/1	信義店	飲料	熱飲	紅茶	$70	2	$140	內用
7	Ｔ１Ｍ0006		2016/7/1	信義店	組合餐	早餐組合	熱狗 早餐組	$80	3	$240	外帶
8	Ｔ１Ｍ0007		2016/7/1	信義店	飲料	冰飲	綜合水果汁	$90	1	$90	外帶
9	Ｔ１Ｍ0008		2016/7/1	信義店	甜點	蛋糕	起士蛋糕	$120	1	$120	內用
10	T1M0009		2016/7/1	信義店	飲料	熱飲	咖啡	$70	1	$70	外帶
11	Ｔ１Ｍ0010		2016/7/1	信義店	甜點	蛋糕	起士蛋糕	$120	1	$120	外帶
12	Ｔ１Ｍ0011		2016/7/1	信義店	飲料	冰飲	綜合蔬果汁	$90	2	$180	外帶
13	T1M0012		2016/7/1	信義店	組合餐	中餐組合	元氣熱狗 中餐組	$150	2	$300	內用

5 在儲存格 B2 中輸入 "= ASC(A2)"，然後按下 Enter 鍵

	A	B	C	D	E	F	G
1	明細編號	明細編號	日期	店名	分類	類型	商品名稱
2	T1M0001	=ASC(A2)	2016/7/1	信義店	飲料	熱飲	咖啡
3	T1M0002		2016/7/1	信義店	組合餐	早餐組合	活力熱狗 早餐組
4	T 1 M0003		2016/7/1	信義店	飲料	熱飲	咖啡
5	T1M0004		2016/7/1	信義店	甜點	蛋糕	起士蛋糕
6	T1M0005		2016/7/1	信義店	飲料	熱飲	紅茶
7	T 1 M0006		2016/7/1	信義店	組合餐	早餐組合	熱狗 早餐組

6 以全形文字顯示的編號都轉換成半形

7 將滑鼠指標移動到儲存格 B2 右下角的填滿控點

	A	B	C	D	E	F	G
1	明細編號	明細編號	日期	店名	分類	類型	商品名稱
2	T1M0001	T1M0001	2016/7/1	信義店	飲料	熱飲	咖啡
3	T1M0002		2016/7/1	信義店	組合餐	早餐組合	活力熱狗 早餐組
4	T 1 M0003		2016/7/1	信義店	飲料	熱飲	咖啡
5	T1M0004		2016/7/1	信義店	甜點	蛋糕	起士蛋糕
6	T1M0005		2016/7/1	信義店	飲料	熱飲	紅茶
7	T 1 M0006		2016/7/1	信義店	組合餐	早餐組合	熱狗 早餐組

8 拉曳控點將 ASC 函數複製到清單的最後一列

	A	B	C	D	E	F	G
1	明細編號	明細編號	日期	店名	分類	類型	商品名稱
2	T1M0001	T1M0001	2016/7/1	信義店	飲料	熱飲	咖啡
3	T1M0002	T1M0002	2016/7/1	信義店	組合餐	早餐組合	活力熱狗 早餐組
4	T 1 M0003	T1M0003	2016/7/1	信義店	飲料	熱飲	咖啡
5	T1M0004	T1M0004	2016/7/1	信義店	甜點	蛋糕	起士蛋糕
6	T1M0005	T1M0005	2016/7/1	信義店	飲料	熱飲	紅茶
7	T 1 M0006	T1M0006	2016/7/1	信義店	組合餐	早餐組合	熱狗 早餐組
15	T 1 M0014	T1M0014	2016/7/1	信義店			
16	T1M0015	T1M0015	2016/7/1	信義店	餐點	熱狗	辣醬熱狗
17	T1M0016	T1M0016	2016/7/1	信義店	餐點	漢堡	漢堡
18	T1M0017	T1M0017	2016/7/1	信義店	餐點	漢堡	魚排堡
19	T 1 M0018	T1M0018	2016/7/1	信義店	餐點	熱狗	熱狗

StepUp

全形轉換成半形：ASC 函數

ASC 函數可以將全形的英、數字轉換成半形。ASC 函數的格式為「ASC (字串)」，在引數的字串中可指定包含全形文字或儲存格。

Keyword

半形轉換成全形：BIG5 函數

BIG5 函數可以將半形的英、數字轉換成全形。BIG5 函數的格式為 BIG5 (字串)」。在引數的字串中可指定包含半形文字或儲存格。

刪除重複的資料

當樞紐分析表的資料來源清單中有重複的資料時，也會無法計算出正確的結果。此例將使用「移除重複項」功能，以自動方式將重複的資料刪除。

1 刪除重複的資料

清單中包含重複的資料

	A	B	C	D	E	F	G	H	I	J	K
1	明細編號	日期	店名	分類	類型	商品名稱	商品名稱	價格	數量	金額	用餐方式
2	T1M0001	2016/7/1	信義店	飲料	熱飲	咖啡	咖啡	$70	2	$140	外帶
3	T1M0001	2016/7/1	信義店	飲料	熱飲	咖啡	咖啡	$70	2	$140	外帶
4	T1M0002	2016/7/1	信義店	組合餐	早餐組合	活力熱狗 早餐組	活力熱狗 早餐組	$80	1	$80	外帶
5	T1M0003	2016/7/1	信義店	飲料	熱飲	咖啡	咖啡	$70	2	$140	內用
6	T1M0004	2016/7/1	信義店	甜點	蛋糕	起士蛋糕	起士蛋糕	$120	2	$240	內用
7	T1M0005	2016/7/1	信義店	飲料	熱飲	紅茶	紅茶	$70	2	$140	內用
8	T1M0005	2016/7/1	信義店	飲料	熱飲	紅茶	紅茶	$70	2	$140	內用
9	T1M0006	2016/7/1	信義店	組合餐	早餐組合	熱狗 早餐組	熱狗 早餐組	$80	3	$240	內用
10	T1M0007	2016/7/1	信義店	飲料	冰飲	綜合水果汁	綜合水果汁	$90	1	$90	內用
11	T1M0008	2016/7/1	信義店	甜點	蛋糕	起士蛋糕	起士蛋糕	$120	1	$120	內用
12	T1M0009	2016/7/1	信義店	飲料	熱飲	咖啡	咖啡	$70	1	$70	外帶
13	T1M0010	2016/7/1	信義店	甜點	蛋糕	起士蛋糕	起士蛋糕	$120	1	$120	外帶
14	T1M0011	2016/7/1	信義店	飲料	冰飲	綜合蔬果汁	綜合蔬果汁	$90	2	$180	外帶
15	T1M0012	2016/7/1	信義店	組合餐	中餐組合	元氣熱狗 中餐組	元氣熱狗 中餐組	$150	2	$300	內用
16	T1M0013	2016/7/1	信義店	飲料	冰飲	綜合蔬果汁	綜合蔬果汁	$90	1	$90	外帶
17	T1M0014	2016/7/1	信義店	餐點	熱狗	熱狗	熱狗	$55	1	$55	外帶
18	T1M0015	2016/7/1	信義店	餐點	熱狗	辣醬熱狗	辣醬熱狗	$65	2	$130	外帶
19	T1M0016	2016/7/1	信義店	餐點	漢堡	漢堡	漢堡	$75	3	$225	外帶
20	T1M0017	2016/7/1	信義店	餐點	漢堡	魚排堡	魚排堡	$90	3	$270	外帶
21	T1M0018	2016/7/1	信義店	餐點	熱狗	熱狗	熱狗	$55	2	$110	外帶
22	T1M0019	2016/7/1	信義店	餐點	漢堡	漢堡	漢堡	$75	1	$75	外帶

1 在清單內按一下滑鼠左鍵	2 切換到**資料**頁次	3 按下**移除重複項**鈕

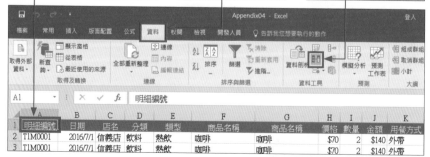

4 確認已勾選了所有欄

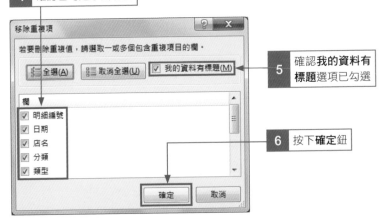

5 確認**我的資料有標題**選項已勾選

6 按下**確定**鈕

7 顯示重複的資料筆數

8 按下**確定**鈕

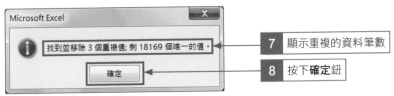

9 刪除了重複的 3 筆資料

	A	B	C	D	E	F	G	H	I	J	K
1	明細編號	日期	店名	分類	類型	商品名稱	商品名稱	價格	數量	金額	用餐方式
2	T1M0001	2016/7/1	信義店	飲料	熱飲	咖啡	咖啡	$70	2	$140	外帶
3	T1M0002	2016/7/1	信義店	組合餐	早餐組合	活力熱狗 早餐組	活力熱狗 早餐組	$80	1	$80	外帶
4	T1M0003	2016/7/1	信義店	飲料	熱飲	咖啡	咖啡	$70	2	$140	內用
5	T1M0004	2016/7/1	信義店	甜點	蛋糕	起士蛋糕	起士蛋糕	$120	2	$240	內用
6	T1M0005	2016/7/1	信義店	飲料	熱飲	紅茶	紅茶	$70	2	$140	內用
7	T1M0006	2016/7/1	信義店	組合餐	早餐組合	熱狗 早餐組	熱狗 早餐組	$80	3	$240	內用
8	T1M0007	2016/7/1	信義店	飲料	冰飲	綜合水果汁	綜合水果汁	$90	1	$90	內用
9	T1M0008	2016/7/1	信義店	甜點	蛋糕	起士蛋糕	起士蛋糕	$120	1	$120	內用
10	T1M0009	2016/7/1	信義店	飲料	熱飲	咖啡	咖啡	$70	1	$70	外帶
11	T1M0010	2016/7/1	信義店	甜點	蛋糕	起士蛋糕	起士蛋糕	$120	1	$120	外帶
12	T1M0011	2016/7/1	信義店	飲料	冰飲	綜合蔬果汁	綜合蔬果汁	$90	2	$180	外帶
13	T1M0012	2016/7/1	信義店	組合餐	中餐組合	元氣熱狗 中餐組	元氣熱狗 中餐組	$150	2	$300	內用
14	T1M0013	2016/7/1	信義店	飲料	冰飲	綜合蔬果汁	綜合蔬果汁	$90	1	$90	外帶

Memo

先進行資料備份

使用**移除重複項**功能,雖然簡單操作就能將重複的資料刪除,但也有將資料誤刪的可能。因此,刪除資料前,最好先將資料做好備份。

Memo

重複資料的指定方法

在**移除重複項**交談窗的欄中,可指定在哪個欄位的值為相同的情況下,才會被當成重複的資料,此例選擇所有欄位,表示會將重複的資料刪除。

MEMO

旗 標 FLAG

好書能增進知識　提高學習效率　卓越的品質是旗標的信念與堅持

旗 標 FLAG

http://www.flag.com.tw